빛깔있는 책들 201-9

통과 의례 음식

글/이춘자, 김귀영, 박혜원 ● 사진/배병석

대원사

이춘자 —————————————
수원여자전문대학 식품조리과 겸임 교수.
88올림픽 문화행사 "한국음식문화5천년
전" 준비 위원

김귀영 —————————————
상주산업대학교 식품영양학과 교수

박혜원 —————————————
신흥전문대학 호텔조리학과 교수

배병석 —————————————
88올림픽 문화행사 "한국음식문화5천년
전"과 온양민속박물관 유물 촬영 및 도
록 발간의 사진작업을 담당했다.

도움 주신 분 —————————————
한명희   전 성균관 전례부장
이상희   전통 떡음식 전문가
정혜상   전통 떡음식 전문가
조경철   "한국음식문화5천년전" 음식부
안인숙   "한국음식문화5천년전" 음식부
이덕연   숙수

통과 의례 음식

통과 의례 음식

통과 의례와 음식

    사람이 태어나서 삶을 마감하기까지 생의 전 과정을 통해서 반드시 통과해야 하는 몇몇 과정이 있는데 이를 특별히 '의례'로 지칭한다. 이러한 의례로 출생 의례(出生儀禮), 성년례(成年禮), 혼인례(婚姻禮), 상장례(喪葬禮)가 있는데 이를 통틀어 통과 의례(通過儀禮, rites of passage)라고 한다. 이 의례들은 일정한 격식을 갖추어 가족을 중심으로 행하는 예절이라 하여 가정 의례(家庭儀禮)라고도 한다.

    통과 의례라는 말은 벨기에 태생의 프랑스 인류학자인 아널드 반 겐넵(Arnold van Gennep)에 의해 처음으로 사용되었다. 인간 생활에서 연령·사회적 지위·상태·장소 등의 전이(轉移) 단계에서 시행되는 의례들을 일컫는 것으로 우리 민족 의례에서는 사례(四禮)인 관혼상제(冠婚喪祭)가 이에 해당한다.

    겐넵이 말하는 통과 의례와 우리의 관혼상제는 서로 중복되는 개념이면서도 그렇지 않은 부분도 있다. 통과 의례에 있는 출생 의례는 사례에 없고 대신 사례에 있는 제례는 통과 의례에 포함되지 않는다. 그러나 우리나라의 민속학에서는 사람의 일생을 좀더 확대하여 해석하고 있다. 다시 말해 사람이 태어나기 전 아이 낳기를 바라는 기자 습속(祈子習俗)부터 죽은 뒤 제사를 모시는 의식까지를 통과 의례로 보고 있다.

이 책에서는 우리나라에서 일반적으로 행해지고 있는 출생 전후의 기자 의례(祈子儀禮), 삼신상(三神床) 의례, 세이레 의례 등을 비롯하여 백일이 되는 날을 축하하는 백일(百日), 아이가 출생하여 처음으로 맞이하는 생일인 돌, 아이가 글방에 다니면서 책을 한 권 뗄 때마다 행하는 책례(冊禮), 아이가 자라서 사회적으로 책임이 주어지는 나이에 행하는 성년례, 남자와 여자가 짝을 이루어 부부가 되는 의식인 혼인례, 어른의 생신을 즐겁게 해드리는 수연례(壽筵禮), 주검을 갈무리하고 매장하며 근친들이 상복을 입고 근신하는 상장례, 죽은 사람을 추모해 기리는 의식인 제의례(祭儀禮) 등을 통과 의례라고 한다.

이들 여러 의례에는 개인이 겪는 인생의 고비를 순조롭게 넘길 수 있기를 소망하는 의식과 더불어 각 의례의 의미를 상징할 수 있는 음식이 차려지게 마련이다. 이 음식을 통과 의례 음식이라고 한다. 우리나라의 통과 의례에 차려지는 음식들의 색(色)과 수(數)에는 각각 기복 요소가 담겨 있다.

통과 의례의 상차림

출생 전후

산모가 아기를 낳으려는 기미〔産氣〕가 보이기 시작하면 산욕(産褥)을 차린다. 이때 웃목에 아기를 보호해 주는 삼신에게 안산(安産)하도록 기원하는 삼신상을 마련한다. 이때의 진설(陳設)은 소반 가운데 쌀을 수북이 쌓아 놓고 그 위에 장곽(長藿, 길고 넓은 미역)을 걸치고 정화수 세 그릇을 담아 놓는다. 아기를 순산하면 바로 삼신상에 놓아두었던

백일상 아기가 태어나 백일째 되는 날 어려운 고비를 무사히 넘겼음을 축하하기 위해 차리는 상으로 흰밥, 미역국, 백설기, 수수팥경단을 올린다.

쌀로 밥을 짓고 장곽으로 미역국을 끓여 각각 세 그릇씩 놓고 정화수를 그릇에 담아 상에 놓는다.

백일

아기가 태어나 백일째 되는 날에 차리는 상이다. 백(百)이라는 숫자는 완전함, 성숙 등을 의미하므로 아기가 이 어려운 고비를 무사히 넘기게 되었음을 축하한다는 뜻이 담겨 있다. 이때에는 쌀밥·미역국 외에 흰쌀로 백설기를 쪄서 올려놓는다. 백설기는 흰쌀을 빻은 가루로 깨끗하게 찐 설기떡인데 백색 무구(白色無垢)의 색으로 출생의 신성함을 경건한 마음으로 축하한다는 뜻이다.

첫돌

아기가 태어나서 처음 돌아오는 생일날 돌잡이를 할 때 차리는 상이다. 돌상에서 중요한 음식은 백설기와 수수팥떡인데 백설기는 신성의 의미를 담고 있다. 수수팥떡은 붉은색의 찰수수로 경단을 빚어 삶고 붉은팥을 삶아서 팥고물을 묻힌 떡이다.

돌잡이 아기가 건강하게 자라남을 경축하고 아기의 앞날을 예측하고자 하는 마음이 깃들인 행사로 남자 아이는 활과 천자문을 놓고 여자 아이는 색실과 바느질자를 놓는다.

붉은색은 액(厄)을 막아 준다는 토속적인 믿음에서 비롯되었다. 또 미나리도 상에 올리는데 이는 강인하고도 싱싱한 생명력과 줄기를 잘라내도 다시 자라나는 것처럼 오래 살기를 바라는 마음에서이다.

돌잡이는 아기가 건강하게 자라남을 경축하고 아기의 앞날을 축하하고자 하는 마음이 깃들인 행사로 남자 아기의 경우 무용(武勇)을 뜻하는 활과 학문을 뜻하는 천자문을 놓고 여자 아기의 돌상에는 수공(手工)이 능하도록 색실과 바느질자를 놓는다.

책례

책씻이라고도 한다. 글방에서 학생들이 책 한 권을 온전히 읽어서 다 뗄 때 이것을 축하하기 위해 색떡을 만들어 그 의미를 더했다.

성년례

아이가 자라서 한 인간의 역할을 다하게 되는 시기가 있다. 이때 성인의 세계로 들어가는 과정에서 꼭 거쳐야 할 관습이 있는데 그에 알맞은 의례를 행하는 것이 성년례이다.

절차에 따라 의례가 행하여진 다음에 축하의 의미로 잔칫상이 차려진다. 이때 술과 국수장국·떡류·조과(造菓)·생과류(生菓類)·식혜·수정과 등이 놓인 주안상을 차린다.

혼인례

사람이 성장하여 때가 되면 남녀가 만나 부부가 되는 것을 혼인이라 하고 이때의 의식이 혼례이다. 혼례에는 봉채떡(봉치떡)·폐백·큰상·입맷상 등을 준비하며 각 의식에 따라 상차림도 다르다.

동뢰상(同牢床)은 혼인례에 있어서 대례(大禮)를 치르기 위한 상차림으로 상 위에는 화병에 꽂은 소나무·대나무와 초 한 쌍, 대추·밤·

큰상을 받은 신랑 신부

서울 폐백　폐백상은 가풍에 따라 또는 지역에 따라서 그 차림이 다르다. 서울은 대추
와 육포 혹은 편포로 한다.

큰상 큰상은 가장 경사스럽고 화려한 상차림으로 혼인을 하는 신랑·신부나 회갑, 칠순 또는 회혼을 맞는 어른께 축하하는 뜻으로 올린다.

콩·팥 그리고 수탉·암탉 한 쌍을 놓는다. 이를 일러 초례상이라고도 한다.

폐백상은 시부모에게 처음으로 인사를 드리는 현구고례(見舅姑禮)를 올리기 위해 신부가 친정에서 준비하여 가지고 가는 특별한 상차림이다. 폐백상은 가풍에 따라 또는 지역에 따라서 그 차림이 다른데 서울에서는 대추와 육포·편포로 하는 것이 일반적이다.

큰상은 혼인을 하는 신랑·신부나 회갑이나 칠순[稀年] 또는 회혼을

맞는 어른께 축하의 뜻으로 차리는 가장 경사스럽고 화려한 상차림이다. 이 큰상은 많은 사람들과 좋은 음식을 서로 나누어 먹으면서 기쁨을 함께한다는 데 의미가 있다. 사람은 일생 동안에 두 번 내지 네 번 큰상을 받을 수 있다.

상장례
사람이 죽으면 그 주검을 갈무리해 장사지내고 근친들은 일정 기간 동안 슬픔을 다해 죽은 이를 기리는 의식을 행하는데 이러한 절차를 상장례라고 한다. 고례(古禮)에는 불식(不食)이라 하여 장례를 치를 때까지 음식을 만들지 않았다. 그래서 초상집의 이웃사람들이 미음과 죽을 쑤어서 상주에게 먹도록 권하는 풍속이 있었다.

상례중에는 몇 번에 걸쳐 술과 조과·생과·포(脯) 등으로 전(奠)을 올리고 또 탈상 때까지 조석 상식(朝夕上食)을 올린다.

제사상은 고조(高祖)까지의 조상을 기준으로 기제사 때 제물을 차려 놓는 상이다. 제물로는 메와 갱(羹)·식초·면·편청·탕(湯)·전·초장·회·겨자·적·적염·포·해(醢)·혜(醯)·숙채·김치·청장·생과·조과·제주(祭酒) 등을 준비한다.

절차는 진설, 봉주취위, 강신(분향·뇌주), 참신, 진찬, 초헌(전주·좨주·전적·계반개·독축·퇴주·철적), 아헌(전적·좨주·퇴주·철적), 종헌(전적), 유식(첨작·삽시정저), 합문, 계문, 진숙주, 낙시저, 합반개, 사신, 남주, 분축, 철찬, 음복의 순으로 진행된다.

통과 의례의 역사적 배경

고대

이 시기는 문헌 기록이라고 해야 중국의 사료에 나타나 있는 것과 『삼국유사』, 『삼국사기』 등에서나 찾아볼 수 있을 정도로 매우 부족하다. 따라서 상고 시대의 중요한 통과 의례는 출생·혼인·사망에 따른 의례에서만 그 면모를 파악할 수 있다.

단군 신화와 주몽, 박혁거세, 김알지, 수로왕 신화 등에서 알 수 있는 것처럼 건국 시조 신화가 우리나라 통과 의례의 원형이다. 이들은 모두 제왕들의 출생을 중심으로 통과 의례의 의미를 담고 있다. 『삼국유사』의 「가락국기」에는 수로왕이 알에서 태어나(卵生) 왕위에 오르고 부인을 맞이하여 혼인하고 또 죽음을 맞이하며 사후에 제사를 모시는 과정이 잘 묘사되어 있어 통과 의례의 전형적인 모습을 보여 준다.

혼인 의례에 관한 기록으로『삼국지』의 「위지」 '동이전'을 통해 대개 다음과 같은 상황을 알 수 있다.

부족 국가인 부여(扶餘)는 일부일처제였으나 형이 죽으면 형수를 처로 맞이하는 관습이 있었다. 예(濊)에서는 동성(同姓)끼리 혼인하지 않았다. 진한(辰韓)에서는 혼인을 함에 예(禮)로 하였으며 남녀의 지위와 역할을 구별하였다는 기록이 있다. 옥저(沃沮)에서는 여자 나이 10세가 되면 약혼을 하여 남자집으로 데려다 민며느리로 삼은 뒤 성인이 되면 남자집에서 여자집에 일정한 재물을 준 뒤에야 혼인이 성립되었다.

삼국시대

고구려에서는 남녀가 좋아하면 곧 맺어질 수 있었다. 남녀간에 혼담이 성립되면 여자집에 사위가 거처할 사위집(婿屋)을 지어 함께 살다가 자식을 낳아 장성하게 되면 남자집으로 거처를 옮기는데 그때 남자집에서 돼지고기와 술을 여자집으로 보냈으며 만약 재물을 받는 일이 있으면 큰 수치로 여겼다.

신라에서는 왕족의 혈통을 지키기 위해 대개 혈족 혼인(血族婚姻)을 하였다. 혼인례에는 술과 음식을 차리되 빈부에 따라 다소 차이가 있었다. 『삼국사기』의 「신라본기」 신문왕 3년(683)에 왕이 부인에게 납채(納采)한 품목을 보면 폐백이 15수레, 쌀, 술, 기름, 꿀, 간장, 된장, 포, 젓갈 등이 135수레, 벼가 150수레였다고 한다. 또 신라에서는 혼인에 폐백이 필요치 않다 하여 '불용폐(不用幣) 했다'라고 씌어 있다.

백제에서는 혼인례를 중국의 예에 따랐으며 왕실과 귀족 사회에서는 다처혼(多妻婚)을 행하였다고 한다.

삼국시대의 관례에 관한 기록은 보이지 않으나 신라의 화랑 제도가 이러한 절차에 의해 행해진 의식이었기에 성년례의 의미를 되짚어 볼 수도 있을 것이다.

상장례의 경우 부여에서는 순장(殉葬) 제도와 죽은 이를 위해 복(服)을 입는 기간(喪期)을 5개월로 하는 풍습이 있었다. 변진에서는 죽은 이가 하늘로 날아가도록 하기 위해 큰 새의 털(大鳥羽)을 사용하였으며 읍루(邑婁)에서는 사람이 죽어도 슬퍼하지 않고 그날로 곽(槨)을 쓰지 않고 장사지냈으며 죽은 이를 위한 양식으로 돼지고기를 삶아 무덤 위에 두었다.

고구려에서는 죽은 사람을 3년 동안 집 안에 염장(殮葬)하였다가 길일을 택해 금·은과 재화로 호화롭게 장례를 치렀다. 신라에서는 장례를 호화롭게 하는 후장(厚葬)과 순장의 풍습이 있었으나 지증왕(500~513년) 때 이를 금하고 상례에 관한 법을 새로 제정하기도 했다. 백제에서는 부모와 남편이 죽으면 3년 동안 복상을 입었다.

이러한 기록을 통해서 고대부터 혼인례와 상장례는 그 사회의 고유한 규범으로서 의례가 있었음을 알 수 있다.

고려시대

고려시대에는 '예의(禮儀)'가 제정되었고, 『상정고금예문(詳定古今禮文)』 50권이 편찬되었으므로 통과 의례의 규범이 있었음을 짐작할 수 있다. 『고려사』 광종 16년(965)에는 관례의 예로 "왕자에게 원복(元服)을 가하여 태자로 삼았다"라는 기록이 있다. 그 밖에 예종(睿宗), 의종(毅宗) 때에도 왕태자에게 관례를 행한 기록이 보인다. 또 고려 말 충신이자 유학자인 포은 정몽주는 초명(初名)이 몽란(夢蘭)이고 뒤에 몽룡(夢龍)으로 개명하였는데 이는 그 모친의 태몽에 의해서이며 '몽주(夢周)는 관례 뒤 바꾼 이름'이라고 한다. 따라서 당시에 관례가 있었음을 알 수 있으나 고려 때 관례가 의례로서 보편화되었는지 알 수가 없다.

혼인례는 일부다처제와 근친혼이 있어 고려 의종 1년(1147)에 5촌까지 근친간 금혼(禁婚)을, 충렬왕(忠烈王) 34년(1308)에는 척속(戚屬) 4촌까지의 금혼을 시행하였다. 고려 인종(仁宗) 때 중국 사신 서긍이 지은 『고려도경(高麗圖經)』(1123년)의 기록을 보면 그때까지도 혼인례는 유교적인 예를 의미하는 전례에 따르지 않고 있었다.

그러나 점차 국가의 주요 제도를 유교적인 의식 절차로 개편하였으므로 통과 의례 규범도 이 시기부터 유교적인 색채가 가미되었을 것으로 추측된다. 특히 국가 권력을 통해 상장례와 제례를 유교적인 것으로 바꾸는 작업을 추진하였다. 공양왕 2년(1390)에는 조상의 기제(忌祭)를 주희(朱熹)의 『가례』에 따라서 행하도록 규정하면서 제례를 올리는 조상의 대수(代數)와 시기, 제수의 종류와 수까지도 신분에 따라 차이를 두도록 규정하였다. 이렇게 강력하게 유교적 개혁을 추진하였지만 상장례와 제의식은 고려 말까지도 일부 상층 사회에만 국한되어 행해졌고 일반화되지 않았다.

조선시대

고려 때 제도적으로 행해졌던 유교적인 통과 의례가 조선 건국 초기부터는 국가 권력이 그 시행을 강력하게 추진하여 법으로까지 규제하였다. 이를테면 유교적인 의례의 실현을 권장하고 그것을 행하지 않을 경우 형벌을 가하도록 되어 있었다. 특히 상장례에 있어서는 그 처벌이 더욱 상세하게 마련되어 있었다. 이렇게까지 조선 사회에서 유교적인 의례의 실현을 권장한 것은 이러한 의례가 당시의 유교적인 사회 규범을 뒷받침하여 사회 질서를 유지하는 중요한 수단이 될 수 있었던 기능 때문이었다.

국가 시책으로 강력하게 추진되었음에도 불구하고 상장례, 제례에 국한되었던 유교적 의례가 혼례에까지 일반화되기 시작한 시기는 대개 17세기 이후부터이다. 『국조오례의(國朝五禮儀)』(1474년)와 『경국대전』(1471년)이 편찬된 이후 16세기 말부터 『가례집람(家禮輯覽)』, 『사례훈몽(四禮訓蒙)』, 『가례언해(家禮諺解)』, 『가례고증(家禮考證)』, 『사례편람(四禮便覽)』, 『상례비요(喪禮備要)』등의 책들이 편찬되었다. 이러한 관혼상제에 대한 많은 저술에 힘입어 유교적 의례가 널리 일반화되었을 것이다. 그러나 유교 의례는 중국 실정에 맞는 것으로 우리 민족의 예식과 규범에는 맞지 않는 면이 있었다. 그래서 우리 실정에 맞는 예서(禮書)로 편찬된 것이 바로 『사례편람』과 『상례비요』 등이다.

조선조 중반, 의례의 유교화가 진전되는 과정에서 절차에 관해 이견 (異見)이 나타나기도 하였는데 이른바 왕가의 복상을 둘러싼 예송(禮訟)은 당쟁을 격화시키는 계기가 되었다. 당파 싸움은 관혼상제의 의례 절차에 영향을 미쳐 혼인례나 상례를 치르는 모습에서 기구, 방법만 보아도 동인(東人)인지 서인(西人)인지 구분할 수 있었고 심지어 제상(祭床)을 차리는 방향이나 제물을 진설하는 방법만 보아도 어느 파인지 알수 있었기 때문에 가가례(家家禮)란 조어(造語)까지 생기게 되었다.

사례 가운데 상례와 제례는 초기부터 그 규범이 유교적으로 이루어졌지만 일반인들이 중요시 여기는 혼인례는 보편화되기가 쉽지 않았다. 우리의 전통 혼속(婚俗)에는 신랑이 신부집에서 혼례식을 올리고 해묵이를 한 뒤 신랑집에 들어가는 절차가 있는데 이것이 『주자가례』의 친영(親迎, 남자가 여자쪽에 가서 신부를 데려다가 예식을 올리는 절차)과는 다르기 때문에 수용하기가 어려웠던 것이다.

이 전통 혼속을 유교적 의례로 하기 위한 노력이 『조선왕조실록』의 여러 곳에 언급되어 있다. 세종 17년(1435)에 옹주의 혼례를 친영의 절차에 의해 행하였으며 중종 12년(1517)은 왕비를 맞이함에 친히 친영의 예로 했다. 이를 계기로 왕실과 사대부가에서는 차츰 유교적인 혼인례가 이루어졌지만 일부 상층 사회에 국한되었다. 그뒤 전통 혼속과 친영의 예를 절충한 반친영(半親迎)의 의례가 제창되었는데 17, 8세기를 거치면서 이 반친영의 예가 널리 일반인들에게까지 받아들여졌다. 유교적인 혼인은 당사자보다 두 집안의 결합에 의의를 크게 두어 가문을 중요시하였다.

돌잔치에 대한 기록은 『국조보감(國朝寶鑑)』과 『지봉유설(芝峰類說)』에 수록되어 있다. 『국조보감』에는 정조 때 원자의 돌잔치를 행한 기록이 있는데 첫돌에 대한 의례는 고려 때 중국으로부터 받아들여졌다고 한다.

관례는 천민을 제외한 모든 사람이 행하였을 정도로 널리 일반화되었다. 『조선왕조실록』에 의하면 세조 3년(1457)에 차남에게 베푼 관례를 비롯해 인종도 8세에 관례를 올렸다고 기록되어 있다. 또 현종 11년(1670)에 행한 왕세자 관례의 기록은 그 절차까지 자세히 밝혀져 있다.

그러나 갑오경장을 전후하여 개화 사상이 생겨나고 1895년에 내려진 단발령(斷髮令)으로 인해 땋아 늘인 머리 대신 상투를 틀어 성인을 표하는 의식을 할 수 없게 되자 전통적 의미의 관례가 사라지게 되었다. 또 호적법 제정과 함께 신교육과 서양 사상의 보급으로 조혼(早婚)의 풍습이 사라진 이후로는 독립된 행사로 행해지던 관례가 혼인을 전제로 한 부수적인 행사로 흡수되어 버린 경향도 관례가 자취를 감추게 된 요인이라 할 수 있다.

수연례는 효를 중시하던 우리 민족에게 예부터 매우 중요한 가정의 례이다. 생일을 기념한 의례는 고대에는 그 흔적이 보이지 않으나 고려 때 송나라로부터 전해졌다고 한다. 임금의 탄생에 대해 『고려사』 성종(成宗) 원년(982) 조를 보면 "임금의 생일을 천춘절(千春節)이라고 했다"는 기록이 있다.

회혼례도 부분 회혼수는 우리 선조들이 가장 누리고 싶었던 수로 특별히 더욱 성대하게 잔치를 베풀었다. 작자 미상, 비단에 채색, 33.5×45.5센티미터, 국립중앙박물관 소장.

현존하는 조선조 궁중 연회의 기록을 보면 숙종이 45년(1719)에 기로소(耆老所)에 들어간 것을 축하하는 잔치를 비롯해 정조의 모후(母后)인 혜경궁(惠慶宮) 홍씨(洪氏)의 회갑(1795년)을 축하하는 잔치 등 많은 연회 기록이 있다. 또 회갑례와 회혼례의 의식 절차를 수록한 『이례연집(二禮演輯)』을 비롯한 많은 예서들이 19세기에 출간되었다. 따라서 18세기 이후부터는 수연례가 중요한 의례로 다루어졌음을 짐작할 수 있다.

조선시대에 유교화되어 행해지던 통과 의례는 일제하에서도 관례를 제외하고는 대체로 그 전통이 이어져 내려왔다. 이러한 전통의 계승 유지는 일제 통치에 대한 저항을 상징하는 의미를 지니며 행해졌다. 하지만 근대에 들어서면서 서구에서 들어온 새로운 문화 인식과 종교적인 영향 그리고 사회 구조가 산업화·도시화됨에 따라 의례 방식이 크게 간소화 또는 다변화되어 전통적 의례의 의미는 빛을 잃어가고 있는 실정이다.

통과 의례가 갖는 의미

통과 의례는 모든 사회의 집단에 존재한다. 모든 사회의 문화에서 나타나는 출생·성년·결혼·사망 등에 관련된 의식들은 세부 사항에 있어서는 다양하지만 그 기능에 있어서는 보편성을 띠고 있다.

겐넵에 의하면 통과 의례는 삶의 진전 과정에서 그 이전과 다른 지위로 옮겨 갈 때 그 새로운 지위에 개인을 통합하여 정상적인 생활을 이루기 위한 방도로써 발전된 것이라고 한다. 그러한 관점에서 의례의 구조를 분석해 보면 세 가지 중요한 단계를 거친다. 첫째 이전에 속했던 집단으로부터 분리를 위한 의례, 둘째 새로운 집단으로의 전이를 위한 의례, 셋째 새로운 집단에로의 통합을 위한 의례 등이 그것이다.

삶의 고비마다 행해지는 의례를 분석해 보면 쉽게 분리·전이·통합이라는 세 단계로의 분류가 적절함을 알게 된다. 그러나 모든 사회나 또 모든 의식에서 이러한 세 가지가 동일하게 나타나는 것은 아니다. 분리 의례는 상례에서 중요한 역할을 하며 통합 의례는 혼례에서, 또 전이 의례는 과도기적인 이행을 위한 성년례에서 중요한 부분을 이루고 있다. 우리 사회의 출생, 혼례, 상례, 수연례 등도 모두 생의 진전에 따른 일정한 단계를 계기로 하여 새로운 지위로 옮겨 가면서 행하는 의식으로 거기에는 세 가지 의례의 단계가 각각 그 비중은 다르지만 상징적으로 포함되어 있다.

이러한 의례는 개인적인 입장에서 보면 분리·전이·통합이라는 세 가지 의식 단계를 거치게 함으로써 변화된 상황 곧 새로운 지위 집단에서 생활의 균형을 촉진, 회복시키는 기능을 위해서 발전된 것으로 생각할 수 있다. 또 이러한 현상은 집단적 규범을 유지하게 하는 중요한 사회적 기능이 있다. 다시 말해서 통과 의례는 궁극적으로 그 사회의 질서 유지를 뒷받침하는 데 또 하나의 중요한 기능이 있는 것이다.

이렇듯 개인뿐만 아니라 사회적으로도 중요한 의미를 내포하고 있는 통과 의례는 모든 민족과 모든 사회에 존재한다. 그러나 시대와 사회 구조, 문화의 정도에 따라 강조되는 의례의 종류가 다르고 규범화된 의식 또한 달라진다. 생의 주기를 어떻게 구분하느냐에 따라서 강조하는 의례의 종류가 서로 다르며 그러한 의례에 부여하는 의미와 중요성에 의해 그 행위 양식을 달리하고 있기 때문이다.

우리는 본디 '동방예의지국(東方禮義之國)'이란 칭송을 받을 정도로 예의를 중시하는 민족이었기에 학문적으로 체계화된 의례 문화인 유교 사상을 거부감 없이 쉽게 받아들일 수 있었다. 그렇지만 아무리 체계화된 유교 의례라 할지라도 실제로 생활 의례에 들어가면 자연 환경과 풍

토적 차이, 문화적·인종적 차이가 있게 마련이다. 그로 인해 우리는 우리 생활에 맞는 고유의 통과 의례 의식 절차를 지니면서 발전하게 되는 것이다.

이렇게 우리나라 통과 의례의 규범은 고대로부터 수천 년에 걸쳐 이어 내려오면서 형성된 것이다. 또한 우리 고유의 토속 신앙과 풍속이 외래 종교인 불교를 영합하여 토착화된 불교 의례 의식을 낳았다. 이후 고려 말에 수입된 주자학이 조선조 통치 이념이 되어 국가 정교(正敎)의 기본 강령으로 확립되었다. 이때 국가 시책으로 지나치게 강요되다 보니 유교적 예론(禮論)이 차츰 민간에도 속속들이 보편화되었다.

조선조 말에 전래된 기독교와 서양 사상은 역사적으로 확립의 과정을 거친 고유의 통과 의례 의식 절차에 직·간접으로 많은 영향을 주었다. 광복 뒤 새로운 문화와 사회 구조가 근대화되면서 우리의 의례가 부침(浮沈)하는가 하면 간소화되기도 하는 등 새로운 변화가 점차 진행되었다.

그러나 오랜 세월 동안 토속 신앙과 민속을 바탕으로 한 통과 의례 의식은 인간이 거쳐야 하는 생활사이기 때문에 어떠한 상황 아래서도 그 명맥을 유지해 나갈 것이다. 이는 한민족의 통과 의례가 바로 한국인 본성의 발현이요 몇천 년 동안 이어져 온 전통적인 생활 풍속이기 때문이다.

출생 의례

출생 의례는 한 개인이 삶의 긴 여정에서 첫번째로 맞이하는 통과 의례이다. 여기에는 아이의 잉태를 기원하는 기자 의례, 순산을 기원하는 해산 의례, 아이의 점지(點指)와 안산 및 수명과 복록(福祿)을 주관하는 삼신께 감사를 드리는 세이레 의례 등이 있다.

기자 의례

예로부터 우리나라에서는 집안의 대를 잇는 것이 어버이에 대한 가장 큰 효도의 하나라고 여겨 왔다. 혼례를 치르고 가정을 이루면 무엇보다 자식 낳기를, 특히 아들의 출산을 간절히 원하였다. 그리하여 태기(胎氣)가 있기를 기원하며 취하는 방법이 전승되어 왔는데 바로 기자 습속이다. 기자 습속은 자식의 출산을 위해 인간보다 힘이 있다고 생각되는 초능력의 소유자에게 기원하는 것이다.

『삼국유사』의 「고조선조」에는 웅녀가 신단수(神壇樹) 아래에서 아기 배기를 축원하여 단군을 낳았다는 기록을 비롯해 『삼국사기』, 『고려사』

등에도 명산 대천에 빌어 태자(太子)를 얻었다는 기록이 있다. 조선조에는 명성 왕후(明聖王后)가 원자를 낳기 위해 무녀, 신당 등에 기원한 예가 있다. 이렇듯 기자 신앙은 상고 시대부터 지금까지 존속되고 있다.

기자 행위의 유형으로는 정결한 장소나 일정한 대상물을 정하여 치성을 드리는 기자 치성과 특정한 사물을 갖거나 음식을 먹어 그 주술의 힘으로 아이를 얻으려는 기자 주술이 있다. 치성 장소와 대상물로는 산신이 깃들여 있다고 생각되는 서낭당·선바위·왕바위·고목·명산 대천 등과 수신(水神)이 있어 풍요와 생산을 가져온다고 하는 샘터·우물·강·개울 들이 있다.

또 불력(佛力)을 얻기 위한 곳으로 절의 대웅전·칠성각·석불 등이 있다. 민간 신앙의 보고로 가신(家神)이 서려 있는 집안의 방·툇마루·부뚜막·장독·우물·탱자나무 또는 신력을 얻기 쉬운 무가(巫家)도 있다.

특히 바위는 우리나라 사람에게 있어 생명 탄생, 풍요와 수호 등 신비로운 권능을 지닌 것으로 여겨져 신앙의 대상이 되어 왔다. 따라서 금와왕(金蛙王) 설화에 나오는 큰돌을 비롯해 서울 서대문 현저동에 있는 선바위, 공주에 있는 장군바위, 금릉군에 있는 옥동자바위 등 많은 돌들이 자식 기원의 대상이 되었다.

치성에 바쳐지는 공물(供物)에는 여러 가지가 있으나 종류와 양은 남성을 상징하는 양수(陽數)를 기준으로 하여 홀수로 한다. 그리고 음식에 티나 흠이 없는 것으로 정성스럽게 장만하여 정결한 그릇에 담았다.

기자 주술에 사용된 특정한 사물로는 기자 도끼와 은장도가 있다. 기자 도끼는 아이를 많이 낳은 집의 식칼을 가져다 작은 도끼를 만든 것으로 여자의 베개 밑에 놓거나 속옷에 차고 다니면 잉태한다고 믿었다.

은장도는 친정 어머니가 준 것을 치마 끝에 달고 다니거나 문턱 밑에 3개월 동안 묻어 두었다 꺼내어 허리에 차고 다녔다.

음식으로는 남의 집 산모의 첫국, 첫밥을 자기 집에서 가져간 쌀과 미역으로 해주고 그 집의 쌀과 미역을 가져와 밥과 미역국을 지어 먹는 것이 가장 일반적이었다. 그 밖에도 정월 초하룻날에 낳은 첫 달걀 먹기, 한두 개 열린 석류나 홍도 먹기, 돌부처의 코 갈아 마시기 등이 수태를 위한 민간 속신에서 나온 행위들이었다.

해산 의례

아기를 낳는 일은 예나 지금이나 인생사에서 맞는 큰일 가운데 하나이다. 태기가 있으면 온 집안 식구들이 경사로 여기고 임부(姙婦)는 매사를 삼가며 곧 태교에 들어간다. 산달이 되어 산기가 있으면 아기를 낳을 산실(産室)의 웃목에 싸라기 하나 없이 골라 놓은 깨끗한 쌀과 장곽, 정화수를 준비하여 삼신상을 차려 놓고 안산을 기원하면서 아기를 보호해 주는 삼신에게 치성을 드린다.

해산을 하면 금줄을 치고 삼신상에 올려진 쌀과 미역으로 밥을 짓고 소미역국(고기가 들어가지 않은 미역국)을 끓이고 정화수와 함께 삼신상을 차린다. 아기의 탄생과 순산을 삼신께 감사드리며 치성을 드린 다음 산모에게 첫국밥을 먹게 한다. 이 첫국밥은 출생과 관련하여 처음으로 행하는 행사이다.

금줄을 치는 것은 아기의 출생을 알리고 바깥으로부터 부정을 막고 외부인의 출입을 금하여 산모의 건강 회복과 아기의 보호를 위해서이다. 금줄은 집안에 따라 다르지만 세이레(21일)되나 일곱이레(49일)에 걷는다.

금줄에 끼우는 고추의 붉은색은 양(陽)으로 남자를 의미하며 붉은색이 악귀를 물리치는 기능을 갖고 있다는 전통 사상에서 비롯된 것이다. 숯은 검정색으로 여자를 의미하며 마찬가지로 액을 몰아낸다는 민간 신앙에서 비롯된 것이다. 금줄에 끼우는 고추, 숯, 솔가지 등의 수에 제한이 있는 것은 아니지만 대체로 3개씩 꽂았다. 첫국밥을 준비할 때도 아기의 수명 장수를 기원한다는 뜻에서 쌀은 아홉 번 씻고 미역은 절대로 접거나 끊지 않은 장곽을 쓴다. 여기에는 아기의 수명 장수와 앞날의 길함을 기원하는 뜻이 담겨 있다.

삼신상에 올랐던 국밥은 나누어 먹지 않고 산모만 먹는 것이 관례이다. 그리고 치성을 드리는 사람은 산모가 아니라 아기의 할머니나 외할머니 또는 산후 구완하는 할머니이다.

삼신이란 아기의 점지, 출산, 아기의 수명과 복록을 관장하며 보호하는 세 신령을 말한다. 또 우리 한민족의 시조인 환인, 환웅, 단군의 삼신으로 생명의 신을 의미하기도 한다. 삼신을 산신(産神)이라고도 하는데 이 뜻은 산(産)을 주관한다는 의미이다.

삼신상 차림은 다음과 같다.

출산 전 정화수 세 그릇, 수북하게 담아 놓은 쌀, 장곽.

출산 뒤 정화수 한 그릇, 밥 세 그릇(집안에 따라 한 그릇), 미역국 세 그릇(집안에 따라 한 그릇). 이때 미역국은 고기를 넣지 않고 끓인 소미역국이다.

소미역국을 끓이는 방법은 이렇다. 장곽, 참기름, 간장을 준비한다. 장곽을 꺾지 않고 물에 불려 씻어 꼭 짜서 손으로 알맞게 찢는다. 냄비나 솥에 참기름을 두르고 미역을 볶아 기름이 고루 퍼지면 물을 부어 센불에서 끓인다. 펄펄 끓어오르면 불을 약하게 줄여서 맛이 충분히 어우러질 때까지 끓여서 청장(맑은 간장)으로 간을 맞춘다.

삼신상(출산 전) 산달이
되어 산기가 시작되면 산
실의 웃목에 깨끗한 쌀과
장곽 그리고 정화수를 준
비하여 삼신상을 차린다.

삼신상(출산 뒤) 해산을
하면 금줄을 치고 출산
전 삼신상에 올려졌던 쌀
과 미역으로 밥을 짓고
소미역국을 끓여 정화수
와 함께 차린다.

세이레 의례

삼신을 모시는 기간은 집안에 따라 다를 수 있으나 대개 초사흘, 초이레, 두이레, 세이레까지 모신다. 우리나라에서는 3이란 숫자를 매우 길(吉)하게 여겨 왔으므로 출생 통과 의례는 3과 7을 기준으로 하여 수행하였다.

초사흘 아기가 태어난 지 사흘째 되는 날 삼신상을 차려 치성을 드린다.

초이레 아기가 태어난 지 7일이 되는 날이다. 이날 삼신상을 차려 올리면서 삼신께 감사드린다. 그리고 할아버지와 첫 대면을 하면서 외부 세계의 승인을 받는 의례이다. 출생 뒤 이레 동안 포대기〔襁褓〕에 싸서 보호했던 아기에게 이날 처음으로 배내옷을 입힌다. 배내옷은 깃과 섶이 없는 흰천으로 만든 저고리로 단추 대신에 흰 실을 일곱 겹으로 꼰 끈을 길게 달았다.

두이레 14일째 되는 날로 앞에서의 의례와 마찬가지로 삼신상을 차려서 치성을 드리고 깃을 단 배내옷과 두렁이로 바꿔 갈아 입힌 뒤 두 손을 자유롭게 해준다.

세이레(삼칠일) 출생 의례에서 가장 큰 행사이다. 이날 마지막으로 삼신상을 올려 감사드린다. 바깥 세계와의 분리를 표시하였던 금줄을 제거하고 모든 사람에게 공개하면서 외부 세계와의 통합 의례를 행한다. 세이레가 되면 아기에게 저고리와 바지를 입힌다. 집안에 따라 일부에서는 일곱이레가 되어서야 삼신께 치성을 드리고 금줄을 떼며 외부인이 출입할 수 있도록 한다.

이웃이나 친척들이 아기와 처음 대면하게 될 때에는 실·돈·의복 등 수명과 부귀에 관련되는 물건을 준비해 가지고 간다. 특히 외할머니가 손주를 첫 대면할 때는 시루떡·찰떡·누비포대기 등을 해주는 풍습이 있다.

백 일

아기가 태어난 날로부터 꼭 백일째 되는 날이다. 의술이 발달하지 못했을 때에는 아기가 태어나 백일까지 기르기가 매우 힘들고 어려웠다. 때문에 백일을 맞이한 아기에게 집안의 어른들은 남녀의 구분 없이 어려운 고비를 넘기고 무사히 자란 것을 대견하게 여기어 이날을 축복하며 앞으로 무병 장수하기를 바라는 마음에서 잔치를 벌여 축하해 주었다. 이레 행사는 산모와 아기를 위한 것이지만 백일은 순전히 아기만을 위한 첫 경축 행사이다.

이날 아기를 목욕시킨 다음 처음으로 빛깔 있는 옷을 입힌다. 그 동안에는 흰옷을 입어야 장수한다는 습속 때문에 흰옷만을 입혔으나 백일부터는 색이 있는 옷을 입히게 되는데 지방과 집안에 따라 첫돌까지 흰옷을 입히기도 한다. 또한 이 시기에는 머리 숱이 많아지고 검게 잘 자라라고 배냇머리를 깎아 주기도 한다.

백일 아침에는 먼저 미역국과 흰밥으로 삼신상을 차려 삼신께 치성을 드린다. 이때의 국밥은 역시 산모가 먹는다. 백일잔치는 여러 가지 떡과 과일 등 음식이 풍성하게 차려지는데 백설기와 수수팥경단은 빠지지 않는다. 백설기의 순백은 티없이 맑고 신성함을 의미하며 수수팥경단의 붉은색은 액과 부정을 막는다는 주술적인 의미를 담고 있다.

백일잔치는 친척과 이웃을 초대하여 대접하고 백일떡은 이웃에 돌려 함께 나누어 먹는다. 떡을 시루에서 떼어 나눌 때는 칼로 자르지 않고 반드시 주걱으로 떼어서 나누는 것이 관례이다. 산실의 것은 미역이든 떡이든 칼을 대지 않게 하는데 자른다는 것은 불길한 뜻으로 받아들여졌기 때문이다. 이웃에서는 떡을 담아 온 그릇을 물에 씻지 않고 아기의 장수와 부귀를 기원하는 뜻으로 실, 돈, 쌀 같은 것을 답례로 담아 보낸다.

백(百)이란 완전함을 뜻하는 숫자, '모든', '다'의 의미를 지닌 축복의 숫자이다. 흰색의 백설기, 흰쌀밥, 백날까지 아기에게 입히는 흰옷이 상징하는 신성과 청정의 백(白)과 백 날의 백(百)이 갖는 의미가 모두 무관하지 않을 것이다.

백일상 차림

백일상에는 흰밥, 미역국, 백설기(흰무리, 백설고(白雪糕)), 수수팥경단, 송편(오색송편)을 올리는 것이 전통적인 방식이다.

백설기
재료 멥쌀, 소금, 설탕.

만드는 법 멥쌀을 충분히 불려서 소금을 넣고 가루로 빻아서 고운 체에 내린다. 끓여 식힌 설탕물을 섞어서 쌀가루에 고루 뿌리면서 손으로 잘 비벼 고운 체에 내린다. 시루에 시루본을 깔고 떡가루를 고루 펴서 담고 위를 편평하게 하여 베보자기를 덮고 불에 올려서 찐다. 시루 위로 김이 오르면 뚜껑을 덮고 20 내지 30분 정도 찐다.

백설기 백일잔치 때 빠지지 않는 음식으로 백설기의 순백은 티 없이 맑고 신성함을 의미한다.

떡, 쌀 등을 찌는 데 사용하는 시루를 준비한다.

체에 내린 쌀가루에 설탕 시럽을 혼합하여 물내리고 다시 체에 내린다.

시루의 밑에 재료가 흘러 떨어지지 않도록 시루본을 깐다.

시루에 물내린 쌀가루를 안친다. 이때 놋 시루를 사용하기도 한다.

오색송편

재료 멥쌀가루, 데친 쑥, 송기, 오미자, 치자, 소금, 녹두, 설탕, 계핏가루, 참기름, 솔잎.

만드는 법 멥쌀을 불려서 5등분하여 하나는 데친 쑥을 넣어서 빻고 하나는 손질하여 찧은 송기를 넣어 빻고 나머지는 흰쌀가루로 빻는다. 이 흰쌀가루를 3등분하여 하나는 치자물을 들이고 하나는 오미자물로 분홍색을 들인다. 나머지 쌀가루는 흰색 그대로 사용한다.

오색송편 여러 가지 재료를 이용하여 다양한 색으로 송편을 빚는다. 송편은 두 가지로 빚는데 하나는 실속 있으라고 속이 꽉 차게 빚고 다른 하나는 마음이 넓으라는 뜻에서 속이 비게 만든다.

치자를 씻은 뒤 방망이로 두드려 부수어서 물에 담근 뒤 여과하여 노란색 치자물을 우려낸다.

준비된 오미자즙을 쌀가루에 넣어 분홍색을 낸 뒤 설탕 시럽으로 익반죽한다.

설탕 시럽, 오미자, 쑥, 치자, 송기 빻은 것을 재료로 각각 반죽하여 물들인다.

쌀가루에 준비해 둔 색재료로 반죽을 하면 다섯 가지의 예쁜 색이 나온다.

준비된 떡가루를 익반죽하여 오래 치대어 젖은 행주로 덮어 놓는다.

녹두는 거피하여 불려서 찐 다음 찧어서 중체에서 내린다. 여기에 설탕을 넣고 뭉근한 불에서 볶아 손으로 쥐어질 정도가 되면 계핏가루를 넣고 섞어 손으로 쥐어 송편의 소를 만들어 둔다. 송편소는 볶은 깨, 콩, 거피팥 등 어느 것을 사용해도 무방하다. 반죽한 것을 조금씩 떼어 밤알 크기로 둥글게 빚은 다음 가운데에 우물을 파서 소를 넣고 예쁘게 빚는다.

그런 다음 시루나 찜통에 솔잎을 펴고 빚은 송편이 서로 닿지 않게 한 켜 놓고 그 위에 솔잎을 한 켜 놓는다. 이렇게 송편·솔잎·송편의 순으로 여러 켜를 반복하여 담고 불에 올려 30분 정도 찐다. 다 쪄지면 찬물에 얼른 씻어서 솔잎을 떼고 소쿠리에 건져서 참기름을 발라서 그릇에 담는다.

송편은 두 가지를 빚는다. 속이 꽉 차게 빚는 것은 학문이 꽉 차서

송기 잿물에 삶은 송기는 물기를 꼭 짠 다음 나른하게 찧어 쌀가루에 섞거나 그늘에 말려 가루로 만든다. 왼쪽은 껍질을 벗긴 송기이고 오른쪽은 삶은 송기이다.

실속 있으라는 의미에서이고 속이 비게 만드는 것은 뜻이나 마음이 넓으라는 뜻에서 빚는다.

송기 손질법 4, 5월 소나무가 가장 물이 올랐을 때에 어린 가지를 잘라 잘 드는 칼로 표피를 벗겨내고 속껍질을 벗겨 물에 우린 뒤 잿물에 삶아 다시 물에 우린다. 우려낸 껍질은 물기를 꼭 짠 다음 나른하게 찧어 그대로 쌀가루에 섞어 떡을 만들거나 그늘에 말려 가루로 만들어 쓰기도 한다. 송깃가루는 송기송편, 송기절편에 이용된다. 옛날에는 떡을 색스럽고 차지게 하기 위해 이 송깃가루를 사용하였다.

수수팥경단

재료 찰수수, 붉은팥, 소금.

만드는 법 수수를 3시간 이상 불려 여러 번 물을 갈아 씻어서 건져 가루로 빻는다.

수수팥경단 수수팥경단의 붉은색은 액과 부정을 막는다는 의미를 지녀 백일상에 빠지지 않는 음식이다.

수수팥경단 고물 만들기

팥고물을 만들기 위해 팥,
소금, 어레미를 준비한다.

붉은팥에 물을 넉넉히 붓고
푹 무르게 삶아서 소금을
넣고 찧는다.

삶은 팥을 찧어 으깬 뒤 체
에 내려 고물을 완성한다.

수수팥경단 만들기

수수팥경단을 만들기 위해 먼저 수수를 갈아 놓는다.

끓는 물에 소금을 타서 곱게 갈아 놓은 수수가루를 익반죽한다.

반죽한 수수가루로 경단을 빚을 때 잘 익게 하기 위해서 가운데를 눌러준다.

냄비에 물을 넉넉히 담아 끓으면 경단을 넣고 삶는다. 경단이 익어 떠오르면 재빨리 건져낸다.

건져낸 경단은 재빨리 찬물에 헹구어내 물기를 빼고 미리 만들어 놓은 팥고물을 묻힌다.

붉은팥은 물을 넉넉히 붓고 푹 무르게 삶아서 소금을 넣고 찧어서 어레미에 내려 고물을 만든다. 끓는 물에 소금을 타서 수수가루를 익반죽하여 고루 치대어 경단을 빚는다. 냄비에 물을 넉넉히 담아 펄펄 끓여서 빚은 수수경단을 넣어 저으면서 삶는다. 경단이 익어서 위로 떠오르면 바로 건져 찬물에 헹구어서 물기를 빼고 팥고물을 묻혀서 그릇에 담는다.

백일상에 빠지지 않는 백설기나 수수팥경단 등과 같은 백일떡은 100가구에 나누어 주어야만 아기가 장수하고 많은 복을 받아 부귀영화를 누릴 수 있다 하여 넉넉하게 장만하여 이웃과 함께 나누었다. 그러면서도 백일잔치는 크게 떠벌이지 않고 소박하게 치르는 것이 관례였다. 그래야만 귀신의 시샘을 받지 않는다고 여겼다.

그러나 의학이 발달한 요즈음에는 대개 백일잔치를 생략하고 가족끼리 떡만 해서 이웃과 나누어 먹는다.

돌

아기가 태어난 지 만 일년이 되는 날은 수년(晬年), 주년(週年) 등으로 불리고 궁중에서는 초도일(初度日) 또는 시주(試週)라고 했다. 옛날에는 영·유아의 사망률이 높았으므로 돌을 맞이할 수 있다는 것은 한 고비를 무사히 넘기고 이제 사람으로 대접을 받을 수 있음을 의미하였다. 이는 아기에게도 중요한 계기가 되지만 그 집안으로서도 큰 경사가 아닐 수 없다. 따라서 백일잔치는 돌잔치에 비교할 바가 아니며 간혹 백일잔치는 못하는 경우가 있다 해도 돌잔치만은 빈부를 막론하고 어느 집안에서나 반드시 차려 주고 있다.

이날 돌빔으로 아이에게 새 옷을 화려하게 지어 입히고 돌상을 차려 축하하며 돌잡이를 한다. 돌상은 쌀, 국수, 대추, 떡, 과일, 흰타래실, 청홍 타래실, 돈, 책, 붓, 먹, 벼루, 활과 화살(여아면 실패와 자, 가위) 등을 차리는데 이른바 수(壽)와 부(富), 문(文), 무(武), 여공(女工)의 상징물을 상 위에 놓는다.

왕실의 경우 미나리 한 단을 홍실로 묶어 놓는다. 미나리는 각지의 물이 어리는 축축한 땅에서는 어디서나 잘 자라고 일년 내내 자랄 수 있는 식물로 끈질긴 생명력과 번식력이 강한 식물의 대명사이다. 따

갖은 색 경단 돌상에는 노란콩고물, 청태콩고물, 거피팥고물 등으로 세 가지 색을 내며 다른 떡으로 백과병, 무지개떡도 오른다. (위)

삼색송편 간혹 백일잔치는 못하는 경우도 있지만 돌잔치만은 빈부를 막론하고 어느 집안에서나 반드시 차려 준다. 백일 때처럼 오색송편을 하기도 하고 오미자, 쑥, 송기로 세 가지 색을 내서 빚기도 한다. (아래)

라서 미나리가 지닌 생명력은 장수를 의미하고 번식력은 자손 번창을 뜻한다.

떡은 인절미, 송편, 경단의 세 종류와 백설기가 오른다. 인절미와 경단은 노란콩고물, 청태(靑太)콩고물, 거피팥고물 등으로 세 가지 색을 내며 수수팥경단으로도 한다. 송편도 오미자, 쑥, 송기로 세 가지 색을 내서 빚으며 오색송편을 빚기도 한다. 시루떡은 백설기나 설기떡에 대추, 은행, 밤 등으로 색을 내는 백과병(百果餠) 또는 삼색이나 오색을 내는 무지개떡을 올린다. 떡은 시루떡 위에 작은 떡을 올려 한꺼번에 담기도 하고 또 시루떡만 따로 담고 다른 떡은 한 그릇에 모듬으로 담기도 한다.

돌떡도 이웃에게 돌려 나누어 먹는데 이때에도 돌떡을 받은 집에서 빈 그릇으로 돌려 보내지 않는다. 그릇을 씻지 않은 채 타래실, 돈 따위를 담아 보내든지 아이에게 쓰이게 될 의복, 장난감, 주발, 수저 등을 마련했다가 선물하기도 한다.

돌잡이

둥근 돌상 앞에서 주인공인 아기가 자기의 자유 의사에 따라 물건을 잡게 하고 그 잡은 물건에 따라 아기의 장래를 예측하는 행사이다. 온 가족과 친지들이 모인 가운데 돌잡이가 이루어진다.

제일 먼저 잡는 것을 가장 중요하게 여긴다. 쌀이나 돈을 잡으면 부자가 된다 하고 실타래를 잡으면 명이 길겠다 하고 책·붓 등을 잡으면 학문에 능하고 활과 화살을 잡으면 무(武)로 출세를 한다 하고 가위·실패 등을 잡으면 수공(手工)에 능하다고 풀이하였다. 무엇을 잡든지 아기에게 좋은 운명의 예고가 되는 것이다. 한편 부모가 원하는 사람이 되어 주길 바라는 마음에서 아이가 쉽게 잡을 수 있는 곳에 연관된 물건을 놓는 경우도 있다.

돌잡이는 아기가 건강하게 자라남을 경축하고 아기의 앞날을 축하하고자 하는 마음이 깃들인 행사이다.

돌 상

돌잔치를 하기 위해 마련한 음식을 진설한 상으로 수반(晬盤)이라고 하며 궁중에서는 백완반(百玩盤)이라고 했다.

돌상은 다리 달린 원반을 사용하는데 이는 보행이 온전치 못한 아이가 다니면서 모서리에 부딪혀 상처가 나지 않도록 하기 위해서이다.

원반 옆에 곁상으로 반상이 놓이는데 여기에는 아기를 위해 새로 마련한 주발에 흰쌀밥과 미역국, 푸른 나물, 과일 등을 올린다.

돌잔치는 백일잔치에 비할 수 없을 정도로 아기에게 큰상을 차려 준다. 그렇다고 고임상 같은 큰상이 아니라 음식을 수북이 담아 놓는 상차림이다. 오늘날 돌잔치가 호화판이 되어서 갖가지 과일과 떡, 음식들을 마치 제상과 같이 고이는데 이것은 돌상의 원뜻이 아니다.

돌상에 진설하는 음식은 각각 의미를 지니고 있는데 백설기는 신성함과 정결을 뜻한다. 무지개떡의 오색은 만물의 조화를 의미하며 설기떡에 대추, 밤 등을 섞어 찐 백과병과 무지개떡을 함께 올린다. 소를 넣은 송편은 속이 꽉 차라는 뜻이 있으며 소를 비운 것은 마음이 넓으라는 뜻이다. 또 인절미에는 끈기 있고 단단하라는 뜻이, 수수망새기라고도 불리는 수수팥경단에는 악귀를 물리친다는 뜻이 담겨 있다.

또한 대추는 자손 번창을, 미나리를 홍실로 묶은 것은 자손 번창과 장수를 간구하는 뜻이다. 실타래는 장수를 의미하며 책·붓·벼루는

남아 돌상 돌잡이는 돌상 앞에서 아기가 자유 의사에 따라 물건을 잡게 하고 그 잡은 물건에 따라 아기의 장래를 예측하는 행사이다. 남자에겐 활과 천자문을 놓는다.

여아 돌상 여자 아이는 바느질 솜씨와 손재주가 좋으라는 뜻으로 바느질자 · 가위 · 색실을 상에 놓는다. 한편 부모가 원하는 사람이 되어주길 바라는 마음에서 아기가 쉽게 잡을 수 있는 곳에 연관된 물건을 놓기도 한다.

학문으로 이름을 떨치라는 뜻이다. 활과 화살은 무예가 뛰어난 장군이 되라는 뜻으로 남자 아이의 상에 놓으며 자〔尺〕·가위·수실은 바느질 솜씨와 손재주가 좋으라는 뜻으로 여자 아이의 상에 놓는다. 돈은 부유 하게 살라는 뜻이고 쌀은 재물 복이 있으라는 뜻과 동시에 평생 식복 (食福)이 있기를 기원하는 의미이고 국수는 장수를 기원하는 의미가 담 겨 있다.

생 일

　생일이란 아기가 태어남을 기념하는 날이다. 아기가 출생하여 세 해가 될 때까지만 돌(첫돌, 두 돌, 세 돌)이라 하고 이후로는 생일이라고 한다.

　생일이란 말은 주로 손아랫사람에게 쓰고 손윗사람에게는 생신(生辰), 수신(晬辰)이라고 하며 임금에게는 탄신(誕辰), 탄일(誕日), 화탄(華誕)이라고 하는데 이러한 구분은 조선조부터 시작되었다고 한다. 생일은 이 세상에 처음으로 존재하면서 인생의 첫 출발이 시작된 날이므로 그 의미를 되새겨 봄 직하다.

　'생일날 잘 먹자고 이레 굶는다'라는 속담이 있듯이 이날에는 미역국을 끓이고 떡과 음식을 조촐하게 장만하여 가족·친지와 함께 즐기는 풍습이 있다. 어린이인 경우 10세가 될 때까지는 꼭 수수팥경단을 해 준다.

　생일날 아침이 되면 일찍 생일빔을 차려 입고 부모 앞에 가서 낳아주신 은혜에 감사하는 절을 올리는 것이 도리이다. 또한 부모의 생신에는 자손들이 깨끗이 차려 입고 생신상을 받으시게 한 다음 그 앞에 가서 헌수를 올리고 모두 큰절을 한다.

생일상 차림

아침상

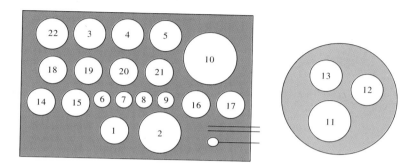

아침상 차림(9첩 반상)

밥 ① 흰밥	
국 ② 미역국	
첩수에 들어가지 않는 음식	**첩수에 들어가는 음식**
김치 ③ 포기김치	젓갈 ⑭ 명란젓 무침
④ 오이소박이	생채 ⑮ 겨자채
⑤ 나박김치	전 ⑯ 각색 전유어
장 ⑥ 겨자즙장	(육전 · 애호박전 · 굴전)
⑦ 초고추장	구이 ⑰ 너비아니구이
⑧ 국간장	좌반 ⑱ 북어 보푸라기
⑨ 초간장	조림 ⑲ 홍합초 · 전복초
찜 ⑩ 대하찜	적 ⑳ 파산적
전골 ⑪ 버섯전골	회 ㉑ 민어회
찌개 ⑫ 굴 젓국찌개	숙채 ㉒ 삼색 나물 (시금치나물 ·
⑬ 생선감정	도라지나물 · 고비나물)

점 심 상

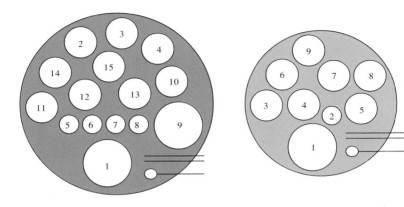

점 심 상 차림(면상)

국수장국상	다과상
① 국수장국	① 빈접시
김치 ② 나박김치	② 꿀
③ 섞박지	③ 약과
④ 깍두기	④ 약식
장 ⑤ 겨자즙장	⑤ 떡(송편 · 경단 · 증편)
⑥ 초고추장	⑥ 정과
⑦ 초간장	⑦ 각색 다식
⑧ 간장	⑧ 식혜 또는 수정과
전골 ⑨ 버섯전골	⑨ 강정
찜 ⑩ 가리찜	⑩ 과일
생채 ⑪ 겨자채	
회 ⑫ 문어숙회	
전 ⑬ 각색 전(새우전 · 간전 · 깻잎전)	
숙채 ⑭ 삼색 나물(미나리나물 · 버섯 나물 · 숙주나물)	
편육 ⑮ 편육	

생일상 차림 음식

식혜

재료 엿기름가루, 찹쌀(멥쌀), 설탕, 생강, 잣.

만드는 법 체에 친 고운 엿기름가루를 찬물에 잠깐 담가 두었다가 주물러서 고운 체에 걸러 가라앉힌다. 찹쌀 또는 멥쌀을 찌거나 된밥을 지어 뜨거울 때에 전기 밥솥에 담고 가라앉혀 둔 엿기름의 웃물을 고운 체에 걸러 부어 6시간쯤 뒤에 밥알이 뜨면 잠시 끓여 밥알은 건져 찬물에 헹구어 둔다. 밥알을 건져낸 식혜물에 설탕을 넣고 끓인다. 이때 거품이 생기면 걷어낸다. 기호에 따라 생강을 몇 쪽 넣기도 한다.

식혜 가라앉힌 엿기름물에 밥을 삭혀서 만든 차갑고 달게 마시는 우리의 전통 음료로 오늘날에도 잔치나 명절 때 빠지지 않는다. 기호에 따라 생강을 몇 쪽 넣기도 한다.

약식 약밥, 약반(藥飯)이라고도 한다. 찹쌀에 대추, 밤, 잣 등의 재료를 기름, 꿀, 간장 등으로 버무려 만든다. 대보름 또는 회갑, 혼례, 생일 때 많이 만들어 먹는다.

약식

재료 찹쌀, 밤, 대추, 잣, 참기름, 꿀, 황설탕, 흰설탕, 진간장.

만드는 법 찹쌀을 깨끗이 씻어 하룻밤 담가둔다. 밤은 까서 반으로 자른 다음 황설탕, 흰설탕과 함께 물을 조금 부어 살짝 삶는다. 대추는 씨를 발라내고 세 쪽으로 자른다. 대추씨는 자작할 정도로 물을 붓고 뭉근한 불에 고아서 체에 걸러 국물은 버무릴 때에 넣는다.

불린 찹쌀을 건져서 시루에 베보자기를 깔고 찌다가 거의 익을 무렵 주걱으로 한 번 저어 섞어서 다시 찐다. 김이 오른 후에 큰 양푼에 쏟아 참기름, 꿀, 대추씨 고은 물, 황설탕, 흰설탕, 진간장 등을 넣고 알

알이 버무린다. 여기에 밤, 대추, 잣을 넣어 다시 버무린다.

이것을 밥통이나 오지그릇에 담아 충분히 중탕하여 찐 뒤 큰 양푼에 쏟아 꿀과 참기름으로 다시 한 번 고루 버무려 서너 시간 정도 더 쪄야 좋은 약식이 된다.

국수장국

재료 가는국수, 양지머리, 우둔, 두부, 달걀, 미나리, 밀가루, 갖은 양념.

만드는 법 물을 붓고 양지머리를 푹 삶아 장국 국물을 만든다. 두부는 꼭 짜서 으깨어 양념하고 곱게 다져 양념한 쇠고기와 섞어 완자를 빚어 밀가루를 묻히고 달걀을 입혀 굴리면서 지진다. 달걀은 황백지단을, 미나리는 초대를 부쳐 마름모꼴로 썬다. 국수를 그릇에 담고 장국으로 토렴해서 따끈한 국물을 부은 다음, 준비해 둔 고명을 얹어낸다.

국수장국 뜨거운 육수에 국수를 말아서 만든 면요리로 온면이라고도 한다.

겨자채　여러 가지 채소와 과실, 편육 등과 겨자즙의 맛이
잘 어우러진 냉채이다. 오색을 살린 호화로운 음식으로 손님
접대용으로 많이 쓰인다.

각색 전　고기, 생선, 채소 등 여러 가지 재료를 다지거나 얇게 저며서 밀가루, 달걀 또는
메밀가루 등을 입혀 번철에 기름을 두르고 지져서 초장을 찍어 먹는다.

두텁떡

재료 찹쌀가루, 거피팥, 밤, 대추, 잣, 유자청, 꿀, 계핏가루, 간장, 설탕, 후춧가루, 소금.

만드는 법 찹쌀가루에 설탕과 간장을 넣어서 고루 비벼서 다시 체에 내린다. 거피팥은 물에 충분히 불려서 말끔히 껍질을 벗겨 찜통에 무르게 찐다. 무른 팥을 큰 그릇에 쏟아서 방망이로 대강 으깨어 간장, 설탕, 계핏가루 등을 넣고 고루 섞어 번철에 보슬보슬하게 볶아서 어레미에 쳐서 볶은 팥고물을 만든다. 밤은 껍질을 까서 여섯 조각 정도로

두텁떡 찹쌀가루로 만든 떡으로 합병, 후병 또는 봉우리떡이라 불린다. 궁중에서 전해 내려온 떡이라 만드는 법과 재료가 독특하다.

썰고 대추도 씨를 발라 밤과 같이 썰고 잣은 고깔을 떼어 놓는다. 유자 청 건지를 곱게 다진다.

이 모든 준비가 끝나면 볶은 팥고물에 꿀, 유자청, 다진 유자청 건지 를 고루 섞은 뒤 밤, 대추, 잣을 박아서 잘 쥐어 둥글넓적한 소를 만든 다. 시루에 젖은 베보자기를 깔고 고물을 한 켜 넉넉히 깔고 떡가루를 한 수저씩 드문드문 놓는다.

떡가루의 가운데에 만들어둔 소를 하나씩 놓고 다시 그 위에 떡가루 를 한 수저씩 얹고 위에 볶은 팥가루를 살살 뿌린다. 이렇게 봉우리 사 이로 서너 켜 안쳐서 푹 찐다. 충분히 쪄지면 한 김이 나간 뒤 베보자 기를 들어내어 주걱으로 떡을 하나씩 떼내어 그릇에 담는다.

다식

여러 가지 곡식 가루를 꿀이나 조청으로 반죽하여 다식판에 박아낸 것으로, 재료에 따라 송화다식·흑임자(검은깨)다식·승검초다식·오 미자다식·콩다식·밤다식·쌀다식 등이 있다.

송화다식 송홧가루, 꿀, 조청을 준비한다. 송홧가루에 꿀과 조청을 넣어 잘 반죽한다. 참기름 묻힌 종이로 다식판을 닦아 재료를 넣고 박 아낸다.

흑임자다식 검은깨, 꿀, 조청을 준비한다. 검은깨를 씻어 일어 말 려서 깨알이 통통해질 때까지 살짝 볶는다. 볶은 깨를 절구에 조금씩 넣어 가면서 기름이 날 때까지 찧는다. 꿀과 된 조청을 넣어 잘 반죽하 여 다식판에 박아낸다.

승검초다식 승검초가루, 송홧가루, 꿀, 조청을 준비한다. 승검초 가루와 송홧가루를 섞어 꿀과 조청을 넣고 반죽한다. 손으로 쥐어 보아 반죽이 뭉쳐지면 다식판을 참기름 묻힌 종이로 닦아낸 뒤 다식판에 박 아낸다.

다식 다식은 집안의 경사 때나 명절, 제사, 차례상에 빠지지 않는 전통 음식이다. 여러 가지 모양의 다식판에 반죽을 꼭꼭 눌러 찍어내어 화려한 색과 다양한 무늬로 상차림을 돋보이게 한다.

흑임자다식 만들기

검은깨, 꿀, 조청, 다식판을 준비한다.

절구에 볶아 놓은 검은깨를 넣은 뒤 아주
곱게 빻는다.

깨를 빻으면서 조청과 꿀을 적당히 넣어
반죽이 되게 만든다.

검은깨를 곱게 빻아 반죽한 뒤 손으로 뭉
쳐 기름을 짜낸다.

여러 가지 무늬의 다식판에 박아내어 다양
한 모양을 낸다.

책 례

책례는 글방에서 학동이 책 한 권을 다 읽어 떼었을 때 스승과 친구들에게 축하의 의미로 한턱 내는 일을 말한다. 책거리 또는 책씻이라고도 한다. 예전에는 초급 과정인 『천자문』, 『동몽선습』에서 시작하여 학문이 점점 깊어지고 어려운 책을 한 권 한 권 뗄 때마다 매번 책례를 베풀었다.

이때의 축하 음식으로는 국수장국, 송편, 경단 등이 있다. 특히 송편은 깨나 팥, 콩 등으로 소를 꽉 채운 떡이므로 학문도 그렇게 꽉 차라는 뜻으로 빠뜨리지 않았으며 주로 오색송편이나 꽃떡을 빚었다. 오색송편은 우주 만물을 형성하는 원기와 오행에 근거하여 오미자로 붉은색을 내고 치자로 노란색, 쑥으로 푸른색, 송기로 갈색을 들여 빚어 만물의 조화를 나타냈다.

책례에는 학동의 학업 성적을 부추기는 의미도 있지만 선생님의 노고에 답례하는 뜻도 들어 있다. 지금의 졸업식과 입학식에서 책례의 자취를 찾아볼 수는 있지만 그 의미는 사뭇 다르다. 진정한 의미로 아이의 학문이 성장됨을 부모가 축하해 주고 또한 스승의 은혜에 감사할 때에 책례의 참뜻이 살아날 것이다.

책례 음식

  책례에서는 국수장국, 떡국, 송편과 꽃떡, 경단이 마련된다.
  국수는 밀가루나 메밀가루, 녹말 등을 반죽하여 가늘고 길게 만들어
끓는 물에 삶아서 여러 방법으로 먹는다. 조리법에 따라 온면, 냉면,
비빔면이 있으며 잔칫상에는 온면이 주로 오른다. 국수의 긴 면발은 장
수를 의미하므로 잔칫상에는 빠지지 않는다. 겨울에는 떡국이 상에 오
르기도 한다.

떡국 양지머리를 푹 고아서 기름기를 걷어낸 육수 또는 쇠고기를 썰어서 끓인 맑은장국
에 흰가래떡을 넣어 끓인 전통 음식으로 설날뿐만 아니라 잔칫상에도 자주 오른다.

떡국

재료 흰떡, 쇠고기장국, 쇠고기(우둔), 달걀, 갖은 양념.

만드는 법 쇠사골과 양지머리를 푹 고아서 맑은장국을 준비한다. 흰가래떡을 어슷한 둥근 모양으로 썰어 물에 씻어 건진다. 장국을 청장과 소금으로 간을 맞추고 채친 파와 다진 마늘을 넣어 펄펄 끓으면 떡을 헤쳐서 넣는다. 쇠고기는 살로 채치거나 다져서 양념하여 볶는다. 떡이 익어서 떠오르고 부드럽게 익으면 달걀을 풀어서 줄알을 치고 불에서 내린다.

대접이나 그릇에 떡국을 담고 위에 다진 고기를 고명으로 얹고 후춧가루를 약간 뿌려서 상에 낸다.

또 다른 방법으로는 다 끓인 떡국에 쇠고기와 실파로 산적을 만들어 얹기로 한다.

경단

재료 찹쌀가루, 노란콩가루, 파란콩가루, 검정깨가루, 소금.

만드는 법 찹쌀을 물에 충분히 담가 불려서 가루로 빻아 고운 체에 내린다. 그리고 찹쌀가루를 익반죽하여 경단을 동그랗게 빚는다. 냄비에 물을 넉넉히 부은 다음 끓어오르면 빚은 경단을 넣어서 휘휘 저어 삶는다.

경단이 말갛게 익어서 떠오르면 건져서 찬물에 헹구어 건져 물기를 뺀다. 세 가지 고물을 고루 묻혀서 한 그릇에 어울리게 담는다.

오색꽃송편

오색송편을 만드는 법과 같이하는데 다 빚은 송편 위에 색색으로 반죽한 것을 아주 작게 떼내어 꽃잎과 줄기 등의 모양을 만들어 장식한 뒤에 찐다.

매화송편 소를 비운 매화송편이다. 이는 마음과 뜻을 넓게 가져 지성뿐 아니라 바른 인성을 갖추기를 기원하는 의미를 담고 있다.

오색꽃송편 오색꽃송편은 다 빚은 송편 위에 색색으로 반죽한 것을 아주 작게 떼내어 꽃잎과 줄기 등을 만들어 장식한다. 이러한 오색송편은 우주 만물을 형성하는 원기와 오행에 근거하여 만물의 조화를 나타낸다.

성년례

아이가 자라서 사회적으로 책임이 인정되는 나이에 행하는 의례에는 관례(冠禮)와 계례(笄禮)가 있다. 아이의 세계에서 벗어나 덕(德)을 이루는 어른의 세계로 들어가는 과정은 분명한 통과 의례이다.

옛날에는 어린이가 어른이 되었음을 상징하기 위해서 남자는 땋아 늘였던 머리를 올려 상투를 틀고 관(冠)을 씌운다는 뜻으로 관례라 하였고 여자는 머리를 올려 쪽을 찌고 비녀를 꽂는다는 뜻으로 계례라고 했다. 지금은 상투를 틀거나 쪽을 찌지 않기 때문에 어른이 되는 의례로 성년례를 한다. 이는 서양의 성인식(initiation)과 같은 의식이다.

그러나 서양의 성인식은 육체나 생리적인 성숙 단계에 이르면 누구나 어른이 되는 의식을 행하지만 동양적 사고의 관례나 계례는 정신적인 성숙을 강요하는 의식이다. 관례와 계례의 참뜻이 겉모양을 바꾸는 데 있지 않고 어른으로서의 책임과 의무를 일깨우는 데 있기 때문이다. 특히 관례란 아들로서의 책임, 형제로서의 책임, 신하로서의 책임, 사람 됨됨이로서의 책임을 지게 하는 것이라고 정의하고 있다.

관례와 계례를 행함으로써 달라지는 것은 세 가지가 있었다. 말씨를 높여 주고(낮춤말씨 '해라'를 쓰던 것을 보통말씨 '하게'로 높여서 말함)

자(字)나 당호(堂號)로 부르게 되며 전에는 어른께 절하면 어른이 앉아서 받았지만 이후로는 답배를 하게 된다.

　관례 날이 정해지면 관례와 계례를 치를 당사자와 아버지가 사당(祠堂)에 고하게 되는데 이때 준비하는 음식은 술·과(菓)·포 등이다. 모든 절차를 마친 뒤에는 주례한 빈(賓)을 모시고 축하 잔치를 한다. 빈은 마을이나 인근에서 서로 어질게 사귀거나 집안간에 세의(世誼)가 있는 분으로 덕망과 학식이 있고 예의가 바른 이로 정하는데 빈으로 청을 받은 쪽은 대개 사양은 하되 거절은 못하였다.

성년례의 내용

　성년례를 행하는 자리에서 술의 예의〔향음주례(鄕飮酒禮)〕를 가르치고 배운 다음 처음으로 술을 마시게 된다.

　성년례를 행하는 시기와 절차는 다음의 표와 같다.

관례·계례·현대 성년례 절차의 비교

	관 례	계 례	현대의 성년례 (성년의 날)
시기	15 내지 20세 사이 정월	대개 15세 정월	만 20세 5월의 셋째 주 월요일
절차	1. 존경하고 본받을 만한 어른을 큰손님으로 모신다.(戒賓) 2. 3일 전에 조상의 사당에 아뢴다. (告于祠堂) 3. 관례 장소를 정하고 기구 배설한다.(陳設) 4. 머리에 관을 씌우고 어른의 평상복을 입힌 다음 어른스러워질 것을 당부하는 축사를 한다.(始加) 5. 어른의 출입복을 입히고 모자를 씌우고 또 언동을 어른답게 할 것을 당부하는 축사를 한다.(再加) 6. 어른 예복을 입히고 유건(儒巾)을 씌운다. 어른으로서 책무를 다할 것을 당부한다.(三加) **7. 술을 내려 천지신명께 어른으로서 서약을 하고 술 마시는 예절을 가르친다.(醮禮)** 8. 이름을 존중하는 의미에서 별명〔字〕을 지어 준다.(冠子) 9. 어른으로서 웃어른을 뵙고 인사를 올린다.(見于尊長)	1. 예절을 잘 아는 집안 부인을 큰손님으로 모신다. 2. 3일 전에 조상의 사당에 아뢴다. 3. 계례 장소를 정하고 기구 배설한다. 4. 머리를 올려 쪽을 찐다.(合髮) 5. 비녀를 꽂고 어른 옷을 입히며 어른다워지기를 당부하는 축사를 한다.(加笄) **6. 술을 내려 천지신명께 어른으로서 서약을 하고 술을 마시는 예절을 가르친다.** 7. 이름을 존중하는 의미에서 별명(堂號)을 지어 준다. (笄子) 8. 어른으로서 웃어른을 뵙고 인사를 올린다.	1. 큰손님을 청함 2. 성년례 행하는 날 아침에 조상께 아뢴다. 3. 성년식의 순서대로 진행한다. ① 장소 배설 ② 성년식 거행 선언 ③ 큰손님 맞이 ④ 성년자 입장 ⑤ 경례 ⑥ 큰손님이 성년자 이름을 확인(問名) ⑦ 성년 선서와 서명 ⑧ 성년 선언과 서명 ⑨ 술의 의식 ⑩ 큰손님의 교훈 일동 경례 성년례 마침을 선언

관례상 관례의 절차가 끝나면 주례한 빈을 모시고 여러 음식을 차려 놓고 축하 잔치를 한다.

관례의 잔칫상

관례의 잔칫상에는 주안상에 알맞는 음식이 차려진다.

국수장국, 떡국, 신선로나 전골, 나물, 구이, 각색 전, 각종 포 및 마른찬, 생과, 숙실과, 떡, 강정류, 다식, 약과, 약식, 음청류 등이 차려진다.

진구절판

재료 쇠고기, 오이, 당근, 표고버섯, 석이버섯, 달걀, 숙주나물, 밀가루.

만드는 법 쇠고기를 가늘게 채 썰어 양념하고, 오이는 껍질을 돌

봉채떡 혼례식 전에 신부집에서 함을 받기 위해 준비하는 떡이다. 봉채떡을 찹쌀로 하는 것은 부부의 금실이 찰떡처럼 잘 화합하여 살기를 기원하는 뜻이며 붉은팥고물은 액을 면하게 되기를 빈다는 의미가 담겨 있다. 이때 7개의 대추를 가운데 얹어 찌기도 하고 밤과 대추를 함께 얹어 찌기도 한다.

동뢰상 신랑이 신부집으로 와서 혼례를 행하는데 신부집에서 혼인 예식을 행하기 위해 안대청 또는 안마당에 동뢰상을 차린다.

동뢰상(대례상)

대례(大禮)는 혼인 예식을 행하는 의례이다. 남녀가 만나 부부가 되는 의식은 사람에게 있어서 가장 큰 행사이므로 대례라고 한다.

신랑이 혼례를 행하기 위해 신부집으로 가고 신부집에서는 사랑마당이나 안마당 중간에 전안청(奠雁廳)을 준비한다. 전안청은 혼인 때 신랑이 신부집에 기러기를 가지고 가서 상 위에 놓고 절하는 곳이다. 기러기는 새끼를 많이 낳고 차례를 지키며 짝을 잃었을 때도 배우자를 다시 구하지 않는데 이처럼 살겠음을 다짐하는 의미가 있다.

신랑이 도착하면 먼저 전안청에 목기러기를 올려놓고 절한 뒤 초례

용떡 멥쌀가루를 익반죽하여 쪄서 흰가래떡을 만든 다음 용틀임 형상으로 만드는데 대개는 둥근 모양으로 빚어 돌린다. 한 용의 입에는 대추를 물리고 다른 용의 입에는 밤을 물린다.

청으로 안내되어 혼례식〔交拜禮〕을 행한다. 초례청은 안대청 또는 안마당에 준비한다. 모란병(牧丹屛, 모란꽃을 그리거나 수놓은 병풍)을 치고 동뢰상을 남향으로 놓고 그 위에 청홍색의 굵은 초 한 쌍, 소나무 가지에는 홍실을 걸치고 대나무 가지에는 청실을 걸친 꽃병 한 쌍을 놓는다.

동뢰상에 차리는 음식은 지방에 따라 다르나 흰쌀, 밤, 대추, 콩, 팥, 용떡, 달떡을 두 그릇씩 준비하여 놓고 청홍색 보자기에 싼 닭 자웅(雌雄)을 남북으로 갈라 놓는다. 용떡과 달떡은 혼례 다음날 떡국을 끓이거나 죽을 쑤어서 신랑에게 들게 한다. 청홍색 실은 부부 금실을 상징하며 홍색은 신랑, 청색은 신부편의 색이다. 소나무와 대나무는 굳은 절개를, 대추와 밤은 장수와 다남(多男)을 상징하므로 반드시 놓는다. 이처럼 대례상에는 장수, 건강, 다산, 부부 금실 등을 상징하는 음식과 물품이 올려진다.

폐백

신부가 시부모님과 시댁의 여러 친족에게 처음으로 인사를 드리는 예를 현구고례라 하여 이 예를 행할 때 신부 쪽에서 준비하여 시부모님과 시조부님께 드리는 음식을 폐백이라고 한다. 지방에 따라 또는 가풍에 따라 차이가 있지만 일반적으로 대추와 쇠고기편포로 한다.

서울의 경우 시부모님께는 편포 또는 육포, 밤, 대추, 엿, 술로 하며 시조부님께는 닭, 대추와 밤으로 한다. 또 전라도에서는 대추와 꿩폐백을 하기도 하며 경상도에서는 주로 대추와 닭폐백을 올린다.

이북 지방에서는 폐백이 일반적이지 않다. 이는 혼례 때 신부집에서 오는 재물을 받는 것을 수치로 여겼던 고구려 혼속의 영향이 아직도 내재한 탓으로 여겨진다. 그러나 개성 지방의 혼례 음식은 매우 독특하다. 과거 정치적, 문화적, 경제적으로 번성했던 고려의 도읍지로서의

전라도 꿩폐백 폐백은 신부가 시부모님과 시댁의 여러 친족에게 처음으로 인사 드릴 때 신부 쪽에서 준비하는 음식으로 지방마다 특징이 있다. 전라도에서는 대추와 함께 주로 꿩폐백을 한다.

특성이 음식 문화에도 잘 드러나 있다.

개성 폐백의 경우 남녀를 상징하여 2개를 싸는데 주로 모약과, 주악, 전류, 절육, 포, 밤·대추와 사과·배 등의 과일류, 젤리류, 닭 등으로 만든다. 두 개 가운데 하나는 남자를 상징하는 것으로 계절에 맞는 과일을 쌓아 올리고 그 위에 절육과 포를 깔고 맨 위에는 밤을 입에 물린 수탉을 얹는다. 다른 하나는 여자를 상징하는 것으로 모약과, 절육, 포 등을 쌓아 올리고 맨 위에 대추를 입에 물린 암탉을 얹는다.

닭 주위에는 젤리, 당속 등으로 장식한 댓가지를 꽂는다. 폐백의 지

개성 폐백 고려의 도읍지로 정치적, 경제적, 문화적으로 번성했던 개성은 음식 문화에서도 매우 독특하였다. 남녀를 상징하여 2개를 쌓는데 그 높이나 지름이 장대하여 다른 지방에 비해 매우 화려한 느낌을 준다.

대추 대추는 자손 번영을 상징하여 폐백 음식에 빠지지 않는 음식이다. 양쪽 끝에 잣을 박은 대추를 다홍색 실에 꿰어 목판에 원을 그려가면서 높이 고인다.

편포 다진 쇠고기를 양념하여 말린 뒤 실백으로 고명을 한 뒤 다홍색 종이에 근봉(謹封)이라 써서 띠를 두른다.

름이 50내지 60센티미터, 높이가 90센티미터 정도로 매우 화려하고 장대한 느낌을 주는 폐백을 만든다.

폐백 만드는 법은 다음과 같다.

대추 굵은 대추를 골라 깨끗이 씻은 다음 물기를 거둔다. 이것을 양푼에 담아 술을 뿌려 뚜껑을 덮은 다음 따뜻한 곳에서 5시간 정도 불린다.

대추가 충분히 불어서 색깔이 짙어져 보기 좋아지면 대추 양쪽 끝에 잣을 하나씩 박는다. 굵은 다홍색 실로 준비해 둔 대추를 모두 한 줄에 길게 꿴다. 실에 꿴 대추를 둥근 나무 목판에 원을 그려가면서 서리어 높이 고여 담는다.

편포 쇠고기를 곱게 다져 양념을 하여 두께 3내지 4센티미터, 길이

육포 얇고 넓게 포를 떠서 양념장에 담근 다음 잘 펴서 말린다. 바싹 마르기 전에 무거운 것으로 눌러 하룻밤 재우도록 한다.

25내지 27센티미터, 너비 10센티미터 정도로 반대기를 2개 짓는다. 이 것을 말리다가 반쯤 말랐을 때 설탕과 참기름을 바르면서 표면을 매끄 럽게 다듬어 다진 실백을 고명으로 뿌린다. 너비 8센티미터 가량의 다 홍색 종이에 근봉(謹封)이라 써서 띠를 만든 다음, 준비된 편포 가운데 를 둘러 목판에 담는다.

육포 쇠고기(우둔), 간장, 꿀, 설탕, 후춧가루, 배즙, 생강즙을 준 비한다. 먼저 쇠고기 우둔살을 결의 방향대로 얇고 넓게 포감으로 떠서 기름과 힘줄을 말끔히 발라낸다. 간장에 후춧가루와 끓여 식힌 설탕물, 꿀, 배즙, 생강즙을 넣고 양념장을 만든다. 포감을 한 장씩 양념장에 담가 앞뒤를 고루 적신 뒤 전체를 잘 펴서 채반에 널어 말린다. 반나절 쯤 말린 뒤 뒤집어서 다시 말린다.

바싹 마르기 전에 걷어서 편평한 곳에 한지를 깔고 말린 포를 잘 손 질하여 차곡차곡 싸서 도마를 엎고 무거운 것으로 눌러서 하룻밤 재운 다. 다시 채반에 펴놓아 완전히 말린 다음 기름종이나 비닐종이에 싸서 냉동실에 넣어 보관한다.

먹을 때는 육포의 양면에 참기름을 고루 발라 석쇠에 얹어 앞뒤를 살 짝 구운 뒤 썰어서 그릇에 담고 잣가루를 뿌린다.

마른구절판

마른안주로 산해진미를 만들어 구절판에 담아 교자상이나 주안상에 놓는다.

약포 말려 둔 약포에 참기름을 발라 살짝 구워 알맞은 크기로 담고 잣가루를 뿌린다.

곶감쌈 말랑말랑하고 크지 않은 곶감을 골라서 꼭지를 따고 한쪽 면을 갈라 씨를 빼낸다. 속껍질을 벗긴 호두를 넣은 뒤 잘 싸서 끝을 꿀로 붙인다. 앞뒤를 잘라내고 2, 3등분하여 썰어 담는다.

마른구절판 아홉 칸으로 나누어진 목기에 아홉 가지 재료를 담아 구절판이라고 한다. 약
포, 곶감쌈, 잣솔, 대추, 생률, 은행, 호두튀김, 숙실과, 어란 등을 정성스럽게 담아 교
자상이나 주안상에 놓는다.

잣솔 잣나무의 솔잎이 5개 붙어 있는 그대로 뽑아 잘 닦는다. 잣은 고깔을 떼고 마른행주로 닦는다. 잣솔잎에 잣 한 개씩을 끼워 다섯 잎씩 다홍실로 묶고 끝을 자른다.

대추 물에 씻어 물기를 없애고 술을 조금 뿌려 따뜻한 곳에 둔다. 술에 불린 대추 꼭지를 따고 잣을 하나씩 박는다.

생률 밤은 껍질을 벗긴 뒤 잘 드는 칼로 속껍질을 쳐서 담는다

마른 문어 문어를 축축한 행주에 싸두었다가 부드러워지면 잘 드는 칼로 어슷하게 썰어 둥그렇게 말아 국화꽃 모양으로 만든다.

은행 번철에 살짝 볶아 속껍질을 비벼 깐 다음 꼬챙이에 3개씩 꽂는다.

호두튀김 속껍질을 벗긴 호두에 녹두 녹말을 묻혀 튀겨서 소금이나 설탕을 뿌려 담는다.

어란 참기름을 바른 행주로 겉을 닦은 뒤 아주 얇게 썰어 담는다.

구절판에 담겨지는 음식은 갖가지로 상차림의 성격에 따라 달라질 수 있는데 그 외에 전복쌈, 암치포, 대구포 등을 이용한다.

암치포 민어 말린 것을 칼로 저며 참기름에 찍어 먹는 음식이다.

칠보편포·대추편포 쇠고기, 간장, 꿀, 설탕, 후춧가루, 잣을 준비한다. 쇠고기는 기름기가 없는 우둔살 부위를 곱게 다진다. 그릇에 조미료를 한데 담아 고루 섞어서 다진 고기를 넣어 전체를 주물러서 간이 충분히 배도록 한다.

칠보편포는 양념한 고기를 둥글넓적하게 빚어서 중심에 잣 한 알을 박고 가장자리에 여섯 알씩을 깊게 박아서 채반에 널어 말린다. 대추편포는 양념한 고기를 큰 대추알만큼 빚어서 끝에 잣 한 알을 깊게 박아서 통풍이 잘 되고 햇볕이 드는 곳에 이틀 정도 육포와 같은 요령으로 가끔 뒤집으면서 말린다. 먹을 때는 참기름을 고루 발라서 석쇠에 살짝

구워서 술안주나 마른찬으로 낸다.

대구포 말린 대구포를 곱게 뜬다. 고운 고춧가루를 뿌려 잘 주물러 고춧물을 들인다. 참기름에 무쳐 놓는다.

전복쌈 마른 전복, 잣을 준비한다. 마른 전복을 물에 불려 마른행주에 싸서 잠시 두었다가 얇게 포를 뜬다. 포 속에 잣을 서너 알 넣고 가장자리를 밀대로 자근자근 눌러 꼭 붙게 하여 가위로 작은 송편 모양으로 정돈한다.

수연례와 회혼례

　수연(壽筵)이란 어른의 생신에 아랫사람들이 상을 차리고 헌수(獻壽)하여 오래 사시기를 비는 의식이다.

　자제들이 부모를 위해 수연 의식을 행하려면 아무래도 어른의 나이가 60세가 되어야 할 것이므로 이름있는 생일은 60세부터이다. 60세의 생일을 맞으면 이전의 생일보다 격식을 차린 연회를 베푸는데 이것이 육순연(六旬宴)이다. 61세의 회갑부터 장수의 잔치라 하여 수연이라 부른다. 수연(壽筵)을 수연(壽宴)이라고도 하지만 특히 대자리 연(筵) 자를 쓰는 것은 그 연회를 높이는 뜻과 자리를 깔고 특별히 큰상을 올린다는 의미가 더해진 것이다.

　이 의식은 헌수의 술잔을 올리기 위해 큰상을 차리는데 이때의 큰상은 혼인례와 같은 차림이다. 이 큰상에는 술, 주찬(酒饌), 어육, 떡, 식혜, 수정과류, 전유어, 적, 전골, 나물, 한과류, 생과류 등 온갖 음식이 다 오르지만 밥과 국은 올리지 않는다. 떡국이나 면 종류는 놓지만 밥과 국을 쓰지 않는 것은 이 큰상이 헌수를 위한 상이며 밥상이 아니라는 의미에서라고 한다.

　옛날에는 회갑상을 받고 난 뒤부터의 생신상에는 어른 본인들이 미역국을 올리지 못하게 하고 탕으로 대신하게 하였는데 이는 어른들이 '오래 삶'을 겸양하는 뜻에서였다고 한다.

수연의 종류

육순(六旬) 60세 생신을 말한다. 육순이란 열(十)이 여섯(六)이란 말이고 60갑자를 모두 누리는 마지막 나이이다.

회갑(回甲)·환갑(還甲) 61세 생신이다. 60갑자를 다 지내고 다시 낳은 해의 간지가 돌아왔다는 의미이다. 수연례 가운데 가장 큰 행사이다. 갑연(甲宴), 주갑(週甲), 화갑(華甲), 환갑(還甲) 등으로도 부른다.

진갑(進甲) 62세 생신이다. 가장 성대한 회갑 잔치를 치르고 난 다음해이므로 잔치 규모가 작아진다.

미수(美壽) 66세 생신이다. 옛날에는 66세의 미수를 별로 의식하지 않았으나 77세, 88세, 99세와 같이 같은 숫자가 겹치는 생신과 같이 66세를 기념하게 되었다.

희수(稀壽)·칠순(七旬) 70세 생신이다. 옛말에 '사람이 70세까지 살기는 드물다(人生七十古來稀)'에서 유래되어 이때의 잔치를 희연(稀宴, 드물게 보는 잔치)이라고 일컫기도 한다.

희수(喜壽) 77세 생신으로 자손들은 부모의 생일을 맞아 희수연을 벌인다. 이는 희(喜) 자를 초서로 쓰면 칠십칠(七十七)이 되는 데서 유래되었다.

팔순(八旬) 80세 생신이다. 이는 열이 여덟임을 뜻한다.

미수(米壽) 88세 생신이다. 자손들은 88세의 생일 잔치인 미수연(米壽宴)을 벌인다. 미수는 미(米) 자를 풀어 쓰면 팔십팔(八十八)이 되는 데서 유래하였다.

졸수(卒壽)·구순(九旬) 90세의 생신이다.

백수(白壽) 99세의 생신이다.

백수(百壽) 일백 세의 생신으로 최장수를 축하하는 연회이다.

이 가운데 가장 큰 행사는 회갑연이다. 모든 수연은 그 의식을 회갑 때와 같이 한다. 특히 부모가 생존해 있는 회갑연은 그 규모가 매우 크다. 이때의 회갑인은 어린아이 복장으로 부모님께 절을 올린 뒤 옷을 갈아입고 자손들에게 절을 받는다. 이러한 경우를 경사가 모두 갖추어졌다 하여 구경(具慶)이라고 한다.

회갑 잔치 때의 큰상 차림 살아가면서 서너 차례 큰상을 받게 되는데 환갑 잔치는 자식들이 부모를 위해 여러 친지들을 모시고 차려 드리는 상이다. 이때 자식들은 여러 음식들을 높이 괴어 부모님에 대한 감사의 마음을 표현한다.

회혼례

혼인을 한 해로부터 60주년이 되는 때를 회혼일(回婚日)이라 하여 예로부터 큰 잔치를 베풀었는데 이를 회혼례라고 한다.

우리 선조들이 누리고 싶었던 오복(五福)은 수(壽), 부(富), 귀(貴), 강녕(康寧), 다남(多男)이었다. 오래 사는 수가 으뜸이요, 그 수에서도 가장 선망받았던 수가 회혼수였다. 그래서 인생의 많은 통과 의례 가운데 가장 성대한 것이 60년 해로(偕老) 잔치인 회혼례였다.

벼슬한 사람이 회혼례를 맞이하면 임금으로부터 의복과 잔치 음식이 하사되고 궤장(几杖)까지 내린다. 각지에서 모여든 친지들은 일단 문간방에 안내되어 열두 폭 병풍에 자신의 이름을 서명한다. 이를 축수 서명이라고 하며 이렇게 만들어진 병풍을 만인병(萬人屏)이라고 한다. 회혼 잔치의 만인병에 축수 서명을 하면 장수한다 하여 회혼 잔치 소문만 들으면 아무리 먼 곳이라도 찾아와서 서명을 했다고 한다. 이 만인병을 두르고 혼인례 때처럼 큰상을 받고 잔치를 벌인다.

큰상 차림

일생에 큰상은 서너 차례 정도 받게 된다. 사람의 생애에서 가장 큰 잔치라 할 수 있는 초례를 치른 신랑, 신부를 축하하기 위한 혼례 때, 또 회갑과 칠순, 회혼을 맞이한 부모님께 자손이 뜻을 모아 상을 차려 드리고 헌수를 하면서 축하와 감사의 뜻을 표하는 상이 바로 큰상이다.

큰상은 넓고 네모난 모양의 상에다 여러 가지 음식을 높이 고여서 차림을 한다. 앞에는 여러 가지 과정류(果飣類)와 생과류·건과류(乾果類)·편(떡)·전과류(煎菓類)·포·수육류(熟肉類)·전(煎)·적 등 각종 음식 종류를 높이 10에서 60센티미터까지 괴어 색깔을 맞추어 늘어 놓고 그 안쪽에는 큰상을 받는 당사자가 먹을 수 있도록 장국상의 일습 (一襲)인 입맷상을 차려 놓는다.

큰상 양 옆은 색떡과 화수(花樹)로 장식한다. 큰상은 전체의 길이가 2미터 안팎의 것으로 규모가 크고 화려하며 경건한 느낌을 주는 차림이다. 이때 같은 줄의 음식은 같은 높이로 쌓아 올려야 하며 원추형 주변에 축(祝), 복(福), 수(壽) 자 등을 넣어 가면서 괸다. 각 고임에는 상화(床花, 음식 위에 장식된 꽃)를 꽂아 장식하며 큰상 앞에는 감, 포도, 고추, 오이, 가지 등의 갖가지 과채를 빚어 만든 꽃떡과 헌수할 술상을 놓아 둔다.

큰상을 받는 당사자는 잔치 때에는 당사자 바로 앞에 차려 놓은 입맷상의 음식만 먹는다. 큰상은 잔치가 치러지는 동안에는 먹을 수 없고 높이 고인 음식은 의식이 끝난 뒤에 헐어서 여러 사람에게 나누게 되므로 그저 바라만 본다고 하여 망상(望床)이라고도 한다.

괴는 음식

괴는 음식류와 고임의 높이는 계절에 따라서 또는 가풍, 형편 등에 따라 다르나 대체로 다음과 같은 것을 괸다.

유밀과 약과, 만두과, 모약과, 타래과(매작과) 등이 쓰인다.

강정 깨강정, 세반강정, 계피강정, 잣강정, 송화강정, 매화강정 등이 쓰인다.

다식 송화다식, 녹말다식, 흑임자다식, 향률다식, 오미자다식, 쌀다식, 청태(靑太, 푸른콩)다식 등이 쓰인다.

당속(사탕류) 당속(糖屬)은 설탕을 졸여서 만든 음식을 통틀어 이르는 말인데 팔보당, 오화당, 옥춘당, 인삼당 등이 있다. 우리나라에 설탕이 전래된 것은 고려 때라고 하며 당속이 연회에 사용된 흔적은

꽃떡 각 고임에는 상화를 꽂아 장식하고 큰상 앞에는 감, 포도, 고추, 오이, 가지 등의
갖가지 과채를 빚어 만든 꽃떡과 헌수할 술상을 놓는다.

색강정 강정으로 깨강정, 세반강정, 계피
강정, 실백강정, 매화강정 등이 쓰여 고운
색깔을 이룬다. (위 왼쪽)

모약과 밀가루에 여러 가지 재료를 넣고
반죽하여 기름에 튀긴 유밀과이다. 유밀과
로는 약과, 만두과, 다식과 등이 쓰인
다. (위 오른쪽)

다식 다식 고임에는 송화다식, 녹말다식,
흑임자다식, 향률다식, 오미자다식, 쌀다
식, 송화다식, 청태다식 등이 쓰인다. (왼
쪽)

옥춘당 당속은 설탕을 졸여서 만든 음식
으로 팔보당, 오화당, 옥춘당, 인삼당 등
이 있다. 색깔이 화려하여 궁중의 연회 때
고임새로 빠지지 않고 쓰였다고 한다. (위
왼쪽)

사과 생실과로는 사과, 배, 귤, 감, 생률
등 싱싱하고 흠집이 나지 않은 과일로 골
라 쌓는다. (위 오른쪽)

밤 생실과 가운데 생률은 속껍질을 반듯
하게 깎아 가지런하게 쌓는다. (오른쪽)

잣과 호두 건과로 대추, 호두, 은행, 잣, 건시 등이 쓰이는데 이때 축(祝)·복(福)·희(喜)·수(壽) 자 등을 넣어 가면서 고인다.

1795년의 『원행을묘정리의궤』에서 나타난다. 이후 1827년부터 궁중의 연회 기록에는 각색 당이 고임새로 빠지지 않고 쓰이고 있으며 1873년의 의궤에는 무려 20여 종의 당속이 차려졌다. 그 가운데 각색 당당(各色唐糖), 왜당(倭糖)의 명칭으로 보아 당시에 당나라와 일본에서 이러한 당류가 들어왔다는 것을 알 수 있다.

생실과 사과, 배, 귤, 감, 생률 등이 쓰인다.

건과 대추, 호두, 은행, 잣, 건시 등이 쓰인다.

전과(정과) 연근전과, 생강전과, 동아전과, 청매전과, 도라지전과, 산사전과, 밤초, 대추초 등이 쓰인다.

편 백편, 꿀편, 승검초편, 화전, 주악, 단자 등이 쓰인다.

건어육물 문어오림, 어포, 육포, 마른전복 등이 쓰인다.

편육 양지머리편육, 제육, 족편 등이 쓰인다.

전 육전, 간전, 생선전, 채소전 등이 쓰인다.

초 전복초, 홍합초 등이 쓰인다.

적 본적(닭적), 육적, 어적 등이 쓰인다.

문어오림 먼저 문어를 젖은행주에 싸서 부드럽게 한 다음 모양을 만들어 오린다.

원통형 고임새 봉투 만들기

재료 접시, 한지, 가위, 칼, 되게 쑨 풀을 준비한다.

1. 접시의 둘레보다 약간 크게 한지를 자른다.
2. 자른 한지에 풀을 바른다.
3. 접시에 한지가 잘 밀착되도록 바른다.
4. 한지를 접시의 뒷면에 넘겨 잘 붙인다.
5. 폭은 접시 둘레의 한 배 반, 길이 36센티미터 또는 54센티미터 정도의 한지를 잘라 반 접어 밑에 2센티미터 정도의 가윗밥을 준다.
6. 봉투의 옆을 붙이고 종이 바른 접시에 풀을 바르고 가윗밥 부분이 접시 안쪽으로 향하게 접어서 붙여 봉투를 세운다.

1. 접시의 둘레보다 약간 크게 한지를 오려 풀칠하여 접시에 붙인다.

2. 접시 둘레의 한 배 반 정도의 한지를 잘라 옆을 붙이고 봉투를 세운다.

3. 밑의 가윗밥 부분이 안쪽을 향하게 잘 붙이고 봉투에 쌀을 붓는다.

4. 쌀이 고루 들어가 팽팽하
도록 봉투를 손으로 친 다
음 위를 아무려 접는다.

5. 쌀을 넣은 봉투에 되게
쑨 풀을 고루 바른다.

6. 풀 위에 호두를 하나씩
붙여 쌓아 간다.

7. 봉투에 쌀을 붓는다.

8. 봉투를 손으로 쳐서 쌀이 고루 들어가 팽팽하게 한다.

9. 접시 모양의 한지를 쌀 봉투 위에 넣고 위를 아무려 접는다.

10. 접시 모양의 둥근 한지를 붙여서 위를 잘 봉한다.

11. 쌀 넣은 한지 봉투에 풀을 고루 칠한다.

여러 가지 고임

호두 고임 밑에서부터 호두의 아래위가 겹쳐져서 위의 호두가 약간 들려 올라가게 차례로 줄을 맞추어 붙인다.

잣 고임 긴 실에 바늘로 잣을 하나 하나 끼운다. 실에 꿴 잣을 밑에서부터 돌려가면서 올린다.

대추 고임 잣을 박은 대추를 밑에서부터 눕혀서 쌓아 올린다.

은행 고임 겉껍질이 붙은 은행을 하나씩 세워서 붙여 쌓는다. 쌓아 가면서 수(壽)·복(福)·희(囍) 등의 글자를 의례에 맞게 새긴다.

팔보당 고임 접시의 밑면이 수평이 되게 한지를 팽팽하게 붙여 팔보당 색깔을 맞추어 2줄 쌓고 둥근 복지 한 장을 깔고 쌓기를 반복한다.

옥춘당 고임 빨간색 한 줄, 흰색 한 줄이 보이도록 팔보당과 같은 요령으로 쌓는다.

강정 고임 흰깨강정과 검은깨강정을 색깔에 맞추어 배열하여 한 층 쌓고 복지 한 장 붙이고 반대로 배열하여 또 한 층 쌓기를 반복한다.

산자 고임 접시 밖으로 산자의 모가 보이도록 한 층씩 엇갈리게 쌓아 올린다.

모약과 고임 서너 줄 쌓아 올린 뒤 복지 한 장 깔고 서너 줄 쌓기를 반복한다.

다식 고임 검은깨(흑임자)다식과 오미자·콩·송화다식을 색깔에 맞추어 배열하여 서너 줄 쌓아 올린 뒤 복지 한 장 깔고 서너 줄 쌓아

잣 돌리기 실에 꿴 잣을 밑에서부터 줄을 맞추어 붙인다.

대추 붙이기 대추에 잣을 박아 밑에서부터 차례로 쌓아 올린다.

팔보당 쌓기 한지를 팽팽하게 붙인 다음 색깔을 맞추어 중간에 복지를 넣으면서 쌓는다.

강정 쌓기 흰깨강정과 검은깨강정을 색깔에 맞추어 복지를 이용해 쌓기를 반복한다.

모약과 쌓기 기름에 튀겨 집청한 유밀과로 네모나게 튀겨 서너 줄 쌓고 복지 한 장 깔기를 반복한다.

생률 치기 속껍질의 아래위를 도려내고 옆을 칼로 쳐서 각지게 한다.

올리기를 반복한다.

곶감 고임 곶감의 꼭지 부분이 안으로 가도록 두 줄 쌓아 올린 뒤 복지 한 장 깔고 두 줄 쌓아 올리기를 반복한다.

생률 치기 겉껍질을 벗겨내고 속껍질의 아래위를 도려내고 옆을 칼로 쳐서 각지게 한다. 접시에 돌려가며 쌓아 올린다.

문어 오리기

재료 깨끗한 면보자기에 따뜻한 물을 축여 문어 다리를 싸서 부드럽게 한다.

문어 오리기 문어를 오려 모양을 만들기 전에 우선 깨끗한 면보자기에 물을 축여 싸 놓는다.

봉황 만들기 문어 다리 윗부분을 잘 드는 칼로 앞쪽으로 밀듯이 하여 머리 모양을 오린다. 칼로 밀어 비늘을 오리고 세워서 꼬리를 만든다. 가늘고 길이가 각각 다른 꼬리 여섯 개를 만든다. 다 오린 문어를 잘 펴서 봉황의 모양으로 손질한다.

국화꽃 만들기 잘 드는 칼로 문어 다리 끝 부분을 깊숙이 오려 국화 꽃잎을 만든다. 34, 5개의 꽃잎을 둥글게 모아 3, 4번째 꽃잎과 맨 마지막 꽃잎을 맞잡아 비틀어 꼬아 둥근 국화꽃을 만든다. 완성된

봉황 만들기 문어 다리 윗 부분을 잘 드는 칼로 오리고 세워서 꼬리를 만든다.

국화꽃 만들기 문어 다리 끝 부분을 깊숙이 오린 뒤 둥글게 모아 국화 꽃잎을 만든다.

국화꽃을 구리 철사로 대나무 꼬챙이에 묶어 고정시킨다. 촘촘히 국화 꽃을 매달고 끝은 봉황으로 마무리한다.

입맷상

큰상의 고임 뒤에 놓여지는 상이다. 고임으로 차려진 음식은 잔치 도 중에 먹을 수 없으므로 큰상을 받은 당사자가 먹을 수 있도록 그 앞에 차려지는 것을 말한다. 음식으로는 국수 또는 떡국, 약식, 화양적, 포, 쇠고기 전골, 김치류, 신선로, 찜, 초(홍합초, 전복초, 삼합초), 전유 어, 회, 도미면, 화채, 겨자, 초장, 간장이 오른다.

입맷상 큰상을 받은 당사자는 잔치가 치러지는 동안에 고임으로 차려진 음식을 먹을 수 없기 때문에 큰상의 고임 뒤에 당사자가 먹을 수 있도록 입맷상이 놓여진다.

상장례

　상장례란 사람이 죽음을 맞고 그 주검을 갈무리해 장사지내며 근친들이 일정 기간 슬픔을 다해 죽은 이를 기리는 의식 절차를 말한다. 출생이 일생의 통과 의례 가운데 시작 의례라면 죽음은 마지막 의례이다.

　상례의 의미를 옛 예서에서 보면 "소인(小人)의 죽음은 육신이 죽는 것이기 때문에 사(死)이고, 군자(君子)의 죽음은 도(道)를 행함이 끝나는 것이기 때문에 종(終)이라 하는데 사와 종의 중간을 택해 없어진다는 뜻인 상(喪)을 써서 상례라 한다"고 했다.

　상장례는 운명에서 치장을 할 때까지의 예절이고 제례는 고인을 추모하여 올리는 제사이다.

　『길례(吉禮)』에는 치장(治葬, 죽음에서 묘지에 매장하는 기간)을 "천자(天子)는 9월이장(九月而葬)이요, 대부(大夫)는 3월이장이요, 사서인(士庶人)은 유월이장(踰月而葬, 임종한 달의 그믐을 넘겨서 장사하는 장례)"이라고 하였으나 근대에는 3일장, 길어야 5일장이 일반적이라 하겠다.

　옛 예절에 따른 상중의 제례는 장례를 치른 날부터 시작해서 상복을 벗고 사당에 모신 신주의 위패를 고쳐 쓸 때까지의 제례를 말한다. 곧

초우(初虞), 재우(再虞), 삼우(三虞), 졸곡(卒哭), 부제(祔祭), 소상(小祥), 대상(大祥), 담제(禫祭), 길제(吉祭)의 아홉 번의 제례가 있다.

옛날에는 상을 당하면 사흘 동안을 굶기 위해 음식을 만들지 않았으므로 친지들이나 이웃집에서 초상집에 미음과 죽을 쑤어 동이에 담아 이고 가서 상주에게 먹도록 권했던 풍속이 있었다.

상례에 따르는 음식은 상례중에 올리는 전과 조석 상식, 사잣밥〔使者飯〕 등이 있다.

설 전

죽은 사람이라도 밥 먹을 때에 그대로 지나칠 수 없는 것이 우리의 인지상정이다. 그래서 아침 저녁에 시신의 오른쪽 어깨 옆에 상을 차려 올리는데 이것을 설전(說奠)이라 한다. 밥, 국, 찬과 함께 포, 과실, 술을 올리는데 밥, 국, 찬 등 상하기 쉬운 것은 차렸다가 잠시 뒤에 치우지만 과실, 포, 술은 새로 전을 올릴 때까지 두었다가 교환한다.

사잣밥

상가의 대문 앞에 저승사자를 대접하기 위해 밥 세 그릇, 찬, 짚신 세 켤레, 돈 등을 차리는 것을 사잣밥이라 하는데 근래에는 거의 차리지 않는다. 저승사자는 보통 세 명이라 하여 모두 세 그릇씩 차린다. 찬으로는 간장, 된장만 차리고 밥과 찬은 요기로, 짚신은 먼 길에 갈아 신으라고 준비한다.

간장을 차리는 까닭은 사자들이 간장을 먹으면 목이 말라 물을 자주

찾게 되고 그래서 물을 마시러 되돌아올 때 죽은 이도 함께 돌아오기를
바라는 마음 때문이다.

조석 상식

　죽은 조상을 섬기되 살아계신 조상 섬기듯 한다는 의미에서 아침 저
녁으로 올리는 음식이다. 상례중에는 물론 장사를 치른 뒤 탈상까지 조
석 상식을 올린
다. 차림은 밥과
국, 김치, 나물,
구이, 조림 등의
찬으로 차린다.

조석 상차림　상례중
에는 물론 장사를 치
른 뒤 탈상까지 아침
저녁으로 음식을 올려
살아계신 조상 섬기듯
한다.

무쇠고기국

재료 쇠고기(장국용), 무, 다시마, 갖은 양념.

만드는 법 양지머리, 사태 등을 깨끗이 손질한 뒤 맑은 물을 부어 강한 불로 끓이다가 한 번 끓고 나면 중간불로 2시간 가량 더 끓인다. 여기에 젖은행주로 문질러 깨끗이 닦아 둔 다시마와 납작하게 썰어 놓은 무를 넣고 맛이 우러나도록 끓인다. 끓고 나면 고기와 무, 다시마를 건져 적당한 크기로 썬다.

국물은 식혀 기름기를 걷어내고 맑은 육수를 만든다. 먹을 때는 육수를 다시 끓여 청장으로 간을 하고 썰어 둔 무, 다시마를 넣는다.

조문객 접대 상차림

장례가 있게 되면 멀고 가까운 데서 많은 사람들이 모여 긴 시간을 보내게 되므로 이들 조문객을 위해 음식을 장만하는 일은 상례 때의 큰 일 가운데 하나이다. 이때의 차림은 주로 밥, 육개장 또는 생태장국이고 그렇지 않으면 장국밥을 차린다. 여기에 나물, 생선조림, 편육, 떡, 과일, 술 등을 곁들인다.

육개장

재료 양지머리, 양, 곱창, 고사리, 숙주나물, 대파, 달걀, 고춧가루, 참기름, 갖은 양념.

만드는 법 양, 곱창은 소금이나 밀가루를 뿌리고 주물러서 씻는다. 양은 끓는 물에 잠깐 넣었다가 건져내어 안쪽의 검은 막과 기름 덩어리는 칼로 깨끗이 떼어낸다. 양지머리는 찬물에 담가 핏물을 빼고 건진다. 두꺼운 솥이나 냄비에 물을 붓고 펄펄 끓으면 국거리용 고기를

육개장 육개장은 다양한 재료를 이용해 많은 양을 만들 수 있는 음식으로 많은 사람들이
모일 때 식사로 준비한다.

모두 넣어 센불에서 끓인다. 국이 끓어오르면 불을 줄이고 고기가 무르
게 익을 때까지 서서히 끓인다. 도중에 위에 뜨는 기름과 거품을 걷어
낸다.

 고기가 충분히 무르면 그릇에 건져내고 국물은 식혀서 위에 뜨는 기
름을 제거한다. 파는 길게 썰어 살짝 데쳐낸다. 고춧가루와 참기름을
섞어 고추기름을 만든다. 양지머리는 가늘게 결대로 찢거나 납작하게
썰고 양과 곱창은 작게 썬다. 썬 고기는 갖은 양념으로 무치고 대파
와 손질한 고사리와 숙주나물을 섞어서 끓는 국물에 넣고 다시 끓기 시
작하면 고추기름을 넣고 청장으로 간을 맞춘다.

제의례

제의례란 죽은 조상을 추모하여 지내는 의식이며 신명(神明)을 받들어 복을 빌고자 하는 의례이다. 선조(先祖)가 제사의 대상으로 인식되기 시작한 것은 내가 있게 된 것이 바로 조상에서 비롯되었다는 것을 인식한 뒤부터라고 한다.

우리나라에서 조상을 숭배하는 사상은 이미 삼국시대 초기부터 있었으나 보편화된 시기는 중국에서 유학이 들어오고부터이다. 조상에 대한 제례가 가장 발달한 시기는 조선 중기 이후이며 따라서 조선시대를 제기 문화(祭器文化)라고까지 일컫는다.

제례의 종류

제례의 종류는 매우 다양하다. 시조제(始祖祭), 기일제(忌日祭), 차례(茶禮), 사당제(祠堂祭)에서 시제(時祭), 천신례(薦新禮)가 있으며 선조제(先祖祭), 이제(禰祭), 세일사(歲一祀), 산신제(山神祭) 등이 있다.

사당제 집안에서 일어나는 일을 선조의 신주에게 알리는 고사당(告祀堂)의 관습으로 대개 사당에서 제의를 지낸다.

제의 음식

제수(祭需)란 제의에 소용되는 금품(金品)을 말하는 것이고 조리된 제의 음식은 제수(祭羞)라고 한다. 제수는 지방과 가풍에 따라 차이가 있다.

제수의 종류
초첩(醋牒) 식초로 종지에 담는다.

메 밥을 말하며, 반기에 수북하게 담아 뚜껑을 덮는다.

제수 진설의 예시

北

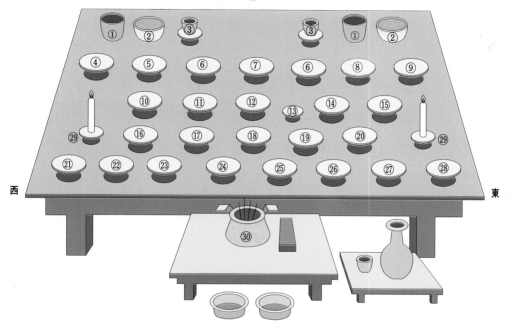

西　　　　　　　　　　　　　　　　　　　　　　　　　　　東

① 밥
② 국
③ 술잔
④ 면
⑤ 탕(고기)
⑥ 탕(기타)
⑦ 탕(닭)
⑧ 탕(생선)
⑨ 병
⑩ 전(고기)

⑪ 회
⑫ 적(구이)
⑬ 소금
⑭ 회
⑮ 전(생선)
⑯ 포
⑰ 숙채(3가지 나물)
⑱ 청장
⑲ 나박김치
⑳ 혜(생선젓 또는 식혜)

㉑ 밤
㉒ 배
㉓ 다식
㉔ 약과
㉕ 귤
㉖ 사과
㉗ 감
㉘ 대추
㉙ 촛대
㉚ 향로

자료 : 『우리의 생활 예절』—성균관

제사상 제사상은 신위가 놓인 곳을 북쪽으로 하고 격식에 맞추어 제기와 제수를 배열한다. 이때의 음식은 굽이 있는 접시(굽다리그릇)에 담고 제상은 높은 탁상을 쓴다.

갱 쇠고기와 무를 네모 반듯하게 썰어 함께 끓인 국이다. 갱과 메는 차례상에는 올리지 않는다. 대신 차례상에는 명절의 특식으로 정초에는 떡국을 추석에는 송편을 올린다.

면(麵) 국수를 삶아 건진 것으로 반기에 담아 뚜껑을 덮는다.

편(餠) 떡을 말한다. 대개 거피팥고물, 녹두고물, 검은깨고물을 얹어 찐 찰편, 멥쌀편 등을 편대에 괴어 올린 뒤 주악을 웃기로 얹는다.

편청(餠淸) 떡을 찍어 먹기 위한 조청으로 종지에 담아 떡그릇 수대로 놓는다.

적(炙) 육적(肉炙), 어적(魚炙), 소적(素炙)의 세 가지를 만들어 술을 올릴 때마다 바꾸어 올린다.

적염(炙鹽) 적을 찍어 먹기 위한 소금이다.

숙채(熟菜) 도라지, 고사리, 배추나물을 한 접시에 곁들여 담는다.

침채(沈菜) 대개는 나박김치를 희게 담아 쓴다.

각색 떡 떡의 길이와 폭을 조절하여 사방으로 균형을 잡아가며 고인다. 주로 갖은편으로 고이며 맨 위에 주악, 산승 등의 웃기떡으로 장식한다.

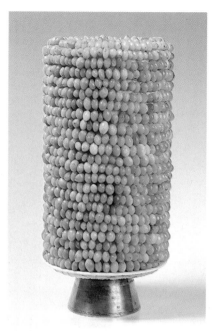

은행 번철에 기름을 두르고 살짝 볶아 속껍질을 벗긴 다음 은행 하나하나를 실에 꿰어 돌려가며 고인다.

편육 고기를 푹 삶아 물기를 뺀 수육을 눌러서 모양을 잡아 굳힌 다음 얇게 저민 것을 켜켜이 고인다.

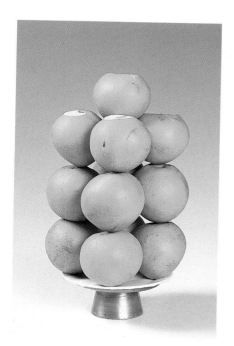

각색 정과 연근·생강·행인 등을 설탕 시럽과
조청에 조린 것으로 행인정과를 맨 위에 얹는다.

배 과실을 높이 고일 때는 꼬치를 과실 몸통에
꽂아 연결시켜 고인다. 배, 사과와 같은 과실은
꼭지 부위가 위로 가도록 담는다.

숙실과 다진 대추를 쪄서 계핏가루를 섞어 대추
모양으로 만든 다음 잣가루에 굴린 조란과 삶아
찧은 밤에 꿀·계핏가루를 섞어 밤 모양으로 빚은
율란을 차곡차곡 돌려 담는다.

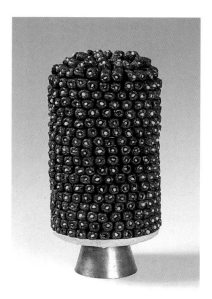

대추 청주를 뿌린 뒤 뚜껑을 덮어 2, 3시간 두었다가 꼭지 부분에 잣을 하나씩 박고 사각으로 모양을 잡아준 뒤 실에 꿰어 돌려가며 고인다.

산자 강정 만들듯이 하되 네모지고 크게 만들어 산자의 모서리를 맞추어 켜로 돌려 담는다. 이때 균형을 잡기 위해 한 켜 놓을 때마다 한지를 깐다.

어전 생선을 납작하게 저며서 달걀로 옷을 입혀 기름에 지진 것을 켜커이 돌려 담아 고인다.

과실(果實) 생과와 조과를 종류별로 각각 그릇에 괴어 담는다. 복숭아는 쓰지 않으며, 밤은 생률치기를 하고 다른 과일은 아래위를 도려낸 다음 꼭지가 위로 가도록 담는다.

전 육전(肉煎), 어전(魚煎) 등이 있다.

초장 초장은 간장에 초를 탄 것으로 전을 찍어 먹기 위한 것이다.

청장(淸醬) 순수한 간장으로 종지에 담는다.

제주(祭酒) 술을 말하며 대개는 약주를 병에 담아 마개를 막는다.

숙수(熟水) 찬물에 밥알을 조금 풀어 만든 일종의 숭늉으로 시위(尸位) 수대로 그릇에 담는다.

포(脯) 어포와 육포를 말한다. 직사각형의 접시에 포개어 담되 어포는 등이 위로 가도록 담는다.

해(醢) 생선젓으로 대개는 소금에 절인 조기를 쓴다. 해는 정식 제례에만 쓰고 차례에는 식혜를 쓴다.

혜(醯) 밥알을 삭혀 만든 식혜로 건더기만을 둥근 접시에 담는다.

포(절육) 육포와 어포를 직사각형의 접시에 포개어 담되 어포가 위로 가도록 담는다.

식혜(밥) 식혜 건더기를 제기에 담고 위에 잣을 몇 개 박기도 한다.

육탕 탕으로는 육탕, 어탕, 소탕이 기본적으로 놓인다.

혜는 기일제에는 쓰지 않는다.

탕 육탕(肉湯), 어탕(魚湯), 소탕(素湯)의 세 가지가 기본이다.

제수를 준비할 때 털난 과실, 비늘 없는 생선, 고춧가루와 파·마늘은 쓰지 않는다. 또 개·말 등의 통발 짐승은 쓰지 않으며 소·돼지 등의 쪽발 짐승만을 제수로 쓴다. 그리고 준비한 제수는 정성을 다하여 모셔야 하므로 제상에 올리기 전에 자손이 먼저 먹어서는 안 된다.

백시루편

재료 멥쌀, 찹쌀, 들기름, 소금.

만드는 법 멥쌀에 부서지지 않을 정도의 찹쌀을 약간 섞어 고운 가루로 빻아 체에 내려 시루떡 켜를 놓는다. 이때 고물을 멥쌀가루로 한다.

멥쌀고물 만드는 법은 다음과 같다. 멥쌀을 불려 씻은 뒤 소쿠리에 건져 물기가 빠지면 끓는 물에 소쿠리 채로 한 번 적셔서 물이 빠진 다음, 겉만 약간 익은 쌀을 잘 말려 미숫가루처럼 갈아서 들기름에 비벼서 체에 내린다. 이때 들기름은 쌀가루가 붙지 않고 헤쳐질 정도만

백시루편 멥쌀에 찹쌀을 약간 섞어 빻아서 시루떡 켜를 놓고 들기름으로 비빈 멥쌀고물을 얹는다. 이 고물을 사용하기 때문에 잘 쉬지 않는다. 고사에 많이 이용하는 떡이다.

하며 기름이 많으면 누렇게 되고 적으면 켜가 들러붙으니 적당량으로 조절한다. 무지개떡도 한 켜 정도 만들고 목판에 고일 때 강원도 말로 '우갱이'라고 하는 꽃떡을 맨 위에 얹어 준다. 시제 때는 30센티미터 이상 고인다.

진설의 관행

내외분이라도 남자 조상과 여자 조상은 상을 따로 차린다. 고비각설(考妣各設).

수저를 담은 그릇은 신위의 앞 중앙에 놓는다. 시접거중(匙蝶居中).

술잔은 서쪽에 놓고 초첩은 동쪽에 놓는다. 잔서초동(盞西醋東).

메(밥)는 서쪽이고 갱(국)은 동쪽이다. 반서갱동(飯西羹東).

적(구이)은 중앙에 놓는다. 적접거중(炙蝶居中).

생선은 동쪽이고 고기는 서쪽에 놓는다. 어동육서(魚東肉西).

국수는 서쪽이고 떡은 동쪽에 놓는다. 면서병동(麵西餠東).

포는 서쪽에 생선젓과 식혜는 동쪽에 놓는다. 서포동혜·해(西脯東醯·醢).

익힌 나물은 서쪽이고 생김치는 동쪽에 놓는다. 숙서생동(熟西生東).

하늘에서 나는 것은 홀수이고 땅에서 나는 것은 짝수이다. 천산양수 지산음수(天産陽數 地産陰數).

제사상과 기명

제찬(제사에 올리는 음식)은 굽이 있는 접시〔고배, 高杯〕에 담고 제상은 높은 탁상을 쓴다. 제기에는 반기, 갱기, 탕기, 시접(수저그릇), 적틀, 편틀, 접시, 종지, 잔, 제주병, 주전자, 퇴주기 등이 있으며 목기, 유기, 사기 등으로 만들어져 있다. 적틀과 편틀은 직사각형으로 밑면에 굽이 있다.

비빔밥 제사가 끝나면 제사상에 올랐던 갖가지 음식을 나누어 고루 비벼 먹는다. 이는 제상에 올렸던 음식과 술을 음복하면 조상과 합일체를 이룰 수 있다는 생각에서 비롯된 것이다.

음복(飲福)

음복은 제사에 참례한 자손들이 제수를 나누어 먹으며 조상의 음덕을 기리는 것으로 제례의 한 절차이다. 예로부터 제천 의식을 행할 때 음복을 함으로써 제사를 모신 사람과 받는 사람이 신인합일(神人合一)·신인융합(神人融合)을 이룰 수 있다는 생각에서 비롯되었으며 한편 음식을 나누어 먹으면서 소속감을 다질 수 있는 기회가 된다.

비빔밥

제사가 끝나면 제사상에 올랐던 갖가지 음식을 나누어 담아 먹는데 이 가운데 여러 나물과 고기를 고루고루 담아서 비벼 먹는다.

재료 흰밥, 쇠고기, 고사리, 오이, 도라지, 콩나물, 흰살 생선, 달걀, 다시마, 갖은 양념.

만드는 법 쇠고기는 채 썰어 양념하여 번철에 볶는다. 살코기를 곱게 다져서 콩알만큼씩 떼어 타원형으로 빚어 번철에 지진다. 달걀은 황백을 따로 풀어 번철에 한 숟가락씩 떠 놓아 타원형으로 부친 다음 소를 넣고 반으로 접어 반달 모양으로 지져 알쌈을 만든다. 표고버섯은 잘 다듬어 채쳐서 볶아 양념한다.

오이는 반으로 갈라 얇고 어슷하게 썰어 소금에 절여 놓았다가 꼭 짜서 기름에 볶아 양념한다. 무는 곱게 채쳐서 볶다가 양념한다. 삶은 고사리는 기름에 볶다가 갖은 양념을 한 다음 간장을 넣고 센불로 파랗게 볶아 양념한다. 다시마는 가늘게 썰어 4개 정도를 한데 모아 다른 하나로 가운데를 묶어 기름에 튀겨 설탕을 약간 뿌려 놓는다.

그릇에 밥을 담고 그 위에 준비한 나물을 색스럽게 돌려 담고 알쌈과 튀각을 가운데 올려놓는다.

맺음말

통과 의례는 고대로부터 현재에 이르기까지 많은 시간이 흐르면서 자연스럽게 형성되어 온 민속 문화의 하나이다. 우리 고유의 토속 신앙과 민속이 결합되면서 토착화된 불교 의식과 고려 말에 유입된 주자학, 조선조 말에 전래된 기독교와 서양 사상이 우리 고유의 통과 의례를 형성하는 배경이 되었다.

각 의례를 통과할 때마다 개인의 번영을 비는 마음에서 그에 따른 음식이 차려졌는데 이 음식을 통과 의례 음식이라고 한다. 특히 이 통과 의례 음식의 색과 수에는 기복관이 담겨 있다. 따라서 개인의 새로운 영역으로의 편입을 축복하고 시련을 잘 극복하라는 격려의 의미를 지니고 있다. 또한 이런 각 의례를 통해서 가족간의 유대도 돈독하게 하는 계기를 마련하기도 하였다.

우리나라의 대표적인 통과 의례에는 삼신상, 백일상, 돌상, 책례, 관례, 혼례상, 회갑상 등을 비롯하여 각 의례마다 상차림이 따른다. 이들은 음식 자체로서만 중요한 것이 아니라 상차림 하나하나마다 독특한 의미를 갖고 있다.

통과 의례에 담긴 음식 문화는 그 시대의 여건과 환경에 따라 변하면

서 오늘날까지 이어져 온 생활 문화이다. 그래서 때로는 혼인례처럼 전혀 새로운 요소가 생성, 추가되고 또 책례처럼 소멸되기도 하지만 그 기본적인 틀은 큰 변화없이 지속될 것이다.

　오늘날 여러 가지 여건의 변화로 우리 민족의 미풍 양속인 통과 의례 행사나 상차림 등이 많이 사라져 가고 있다. 그러나 오랜 세월 동안 지켜 온 전통적인 통과 의례 의식은 어떠한 사회적, 종교적 변동이 있을지라도 그 맥이 끊어지지는 않을 것이다. 이는 통과 의례가 사람이면 누구나 거쳐야만 하는 인생 의례(人生儀禮)이기 때문이다.

참고 문헌

강인희, 『한국의 맛』, 대한교과서주식회사, 1987.

강인희·이경복, 『한국식생활풍속』, 삼영사, 1984.

──, 『한국식생활사』, 삼영사, 1991.

──, 「한국의 통과의례음식」, 한국식생활문화학회 추계학술심포지움, 1996.

권광욱, 『육례 이야기』 1-3권, 해돋이, 1995.

김득중 외, 『우리의 전통예절』, 한국문화재보호협회, 1991.

김부식 저·이민수 역, 『삼국사기』, 을유문화사, 1992.

김상보, 『조선왕조궁중의궤음식문화』, 수학사, 1995.

김열규, 『한국민속과 문학연구』, 일조각, 1971.

김용숙, 『조선조 궁중풍속연구』, 일지사, 1987.

──, 『한국여속사』, 민음사, 1990.

동아대학교 고전연구실, 『역주 고려사』, 동아대학교출판사, 1971.

김정자, 『한국결혼풍속사』, 민속원, 1992.

김춘동, 『한국문화사대계 Ⅳ 풍속·예술사』, 고려대학교 민족문화연구소, 1970.

문화재관리국, 『한국민속종합보고서』(통과의례 편), 형설출판사, 1993.

민족문화추진위원회, 『국역 산림경제 I』, 민문고, 1967.

민족문화추진위원회, 『국역 고려도경』, 1977.

보건사회부, 『가정의례해설』, 1969.

박계홍, 『증보 한국민속학개론』, 형설출판사, 1987.

박혜인, 『한국의 전통혼례연구』, 고려대학교 민족문화연구소, 1988.

서울특별시, 『서울민속대관4』(통과의례 편), 1993.

서울특별시, 『서울민속대관6』(의식주 편), 1995.

오출세, 『한국 서사문학과 통과의례』, 집문당, 1995.

온양민속박물관, 『사진과 해설로 보는 온양민속박물관』, 1996.

윤서석, 『증보한국식품사연구』, 신광출판사, 1983.

──, 『한국음식』, 수학사, 1983.

──, 『한국의 음식용어사전』, 민음사, 1991.

이광규, 『한국인의 일생』, 형설출판사, 1985.

이능화 저·김상억 역, 『조선여속고』, 대양서적, 1973.

이동길, 『얼과 문화 1989년도 합본(8-9호)』, 우리문화연구원, 1989.

이두현, 장주근, 이광규, 『한국민속학개설』, 학연사.

이규태, 『이규태 코너 합본(1985~1990)』, 조선일보사, 1991.

이성우, 「조선왕조 궁중음식의 문헌학적 연구」, 한국식문화학회지, 1권 1호, 1986.

──, 『한국식경대전』, 향문사, 1983.

이 학, 『한수문화(韓繡文化)』, 한국자수문화협의회, 1986.

이효지, 『조선왕조 궁중연회음식의 분석적 연구』, 수학사, 1985.

일연 저·이민수 역, 『삼국유사』, 을유문화사, 1992.

임돈희, 『조상제례』, 대원사, 1990.

임재해, 『전통상례』, 대원사, 1990.

전례위원회편저, 『우리의 생활예절』, 성균관, 1994.

정순자, 『한국의 요리』. 동화출판공사, 1975.

최남선, 『조선상식』(풍속 편), 동명사, 1948.

한국음식문화오천년전 준비위원회 편, 『한국음식오천년』, 유림문화사,
　　　1988.

홍석모, 『동국세시기(영인본)』, 1849.

황혜성, 『떡·한과』, 주부생활, 1989.

──, 『한국의 전통음식』, 교문사, 1992.

A. 반 겐넵 저·전경수 역, 『통과의례』, 을유문화사, 1985.

빛깔있는 책들 201-9

통과 의례 음식

글 　　　　—이춘자, 김귀영, 박혜원

발행인 　　—김남석
발행처 　　—주식회사 대원사

초판 1쇄 —1997년 11월 15일 발행
초판 5쇄 —2015년 09월 15일 발행

주식회사 대원사
우편번호/135-945
서울시 강남구 양재대로 55길 37, 302
전화번호/(02) 757-6717~9
팩시밀리/(02) 775-8043
등록번호/제 3-191호
http://www.daewonsa.co.kr

값/8500원

© Daewonsa Publishing Co., Ltd.
Printed in Korea(1997)

ISBN 89-369-0207-5 00590